亚麻种质资源志

◎ 李秋芝　主编

中国农业科学技术出版社

图书在版编目（CIP）数据

亚麻种质资源志/李秋芝主编. —北京：中国农业科学技术出版社，2019.1

ISBN 978-7-5116-4019-2

Ⅰ. ①亚… Ⅱ. ①李… Ⅲ. ①亚麻—种质资源—世界 Ⅳ. ①S563.224

中国版本图书馆 CIP 数据核字（2019）第 018950 号

责任编辑　崔改泵　李　华
责任校对　李向荣

出 版 者　中国农业科学技术出版社
　　　　　北京市中关村南大街12号　　邮编：100081
电　　话　（010）82109708（编辑室）　（010）82109702（发行部）
　　　　　（010）82109709（读者服务部）
传　　真　（010）82106650
网　　址　http://www.castp.cn
经 销 者　各地新华书店
印 刷 者　北京建宏印刷有限公司
开　　本　710mm×1 000mm　1/16
印　　张　8.75　彩插4面
字　　数　152千字
版　　次　2019年1月第1版　2019年1月第1次印刷
定　　价　59.80元

《亚麻种质资源志》

编委会

主　　编　李秋芝

副 主 编　孙宇峰

编写人员（以姓氏笔画为序）

王晓楠　王　影　田玉杰　孙　力

孙宇峰　宋鑫玲　李秋芝　李振伟

姜　颖　赵　越　夏尊民　曹洪勋

曹　焜　韩承伟　韩喜财　鲁振家

潘冬梅

审稿人员（以姓氏笔画为序）

宋鑫玲　姜　颖　曹洪勋

前　言

　　亚麻（*Linum usitatissimum* L.）是亚麻科（Linaceae）亚麻属（*Linum*）一年生草本植物，可分为纤维用型、油用型（油用亚麻俗称为胡麻或油麻）和油纤兼用型 3 类，是重要的纤维及油料作物。亚麻全身都是宝，纤维部分是纺织工业的优质原料，籽粒部分是食品、制药、美容化妆品、饲料等工业的重要原料，初加工后的麻屑可作为造纸、人造板材等的优质材料。

　　优异亚麻种质资源是生产利用、品种创新和生物技术研究的物质基础，所掌握的种质资源越丰富，选种和育种的预见性越强，越容易培育出高产、优质、多抗、适于机械化生产的亚麻新品种。尽管各种同功酶标记和DNA分子标记已被广泛应用于亚麻种质资源的鉴定和分类研究，但是农艺性状的鉴定和描述仍然是种质资源研究最基本的方法和途径。深入开展亚麻种质资源的研究，是拓展栽培种遗传基础和提高亚麻遗传育种水平的紧迫任务和重要条件，同时可充实亚麻资源库，丰富其多样性。

　　黑龙江省科学院大庆分院拥有亚麻种质资源近千份，2014—2016年在黑龙江省院所基本应用技术研究专项支持下已完成755份亚麻种质资源的鉴定评价工作，还有200多份亚麻种质资源未进行鉴定、分类和评价。

　　本书是对黑龙江省科学院大庆分院所收集的亚麻种质资源进行研究，对亚麻资源的生物学特性、生育特性、经济性状等进行分析，在内容上力求新颖、全面和适用；在写作特点上力求简明扼要、通俗易懂，以期达到科学严谨性和研究深度的统一。本书适于以亚麻为研究对象但不限于此的科研工作者、教师及相关专业学生阅读、参考和使用。

此书的编辑与出版，得到了黑龙江省科学院大庆分院领导及全体麻类学科同事的大力支持，在此表示谢意。

由于编者水平有限，在编写过程中难免存在疏漏之处，敬请读者和同仁给予批评指正。

编者

2018年12月

目　录

1 概 论

亚麻为栽培亚麻种（*Linum usitatissimum* L.）的简称，英文名flax，为亚麻科（Linaceae）亚麻属（*Linum*）一年生草本植物，分为纤用、油纤兼用、油用（油用亚麻俗称为胡麻或油麻），是重要的纤维及油料作物。亚麻纤维是纺织工业的主要原材料之一，是人类最早使用的天然纤维，具有优良的吸湿、透气、防腐、耐磨和低静电等特性，使亚麻织物成为能够自然呼吸的织品，被誉为"纤维皇后"。亚麻籽中富含α-亚麻酸、亚油酸、木酚素等多种营养物质，具有降血脂、降血压、抗癌、预防心脑血管疾病等功效。

1.1 亚麻种质资源的起源与传播

据考古学资料记载，埃及是世界上最早栽培和利用亚麻的国家。一两万年前，古埃及人就已经开始在尼罗河谷地种植亚麻。公元前5000年至公元前4000年前的古墓中不仅发掘出亚麻织物残片，还发掘出织布机的石质浅浮雕。

在新石器时代，埃及人就将亚麻引进地中海沿岸国家。中世纪以来，亚麻油从瑞士传到法国、英国、比利时等国家。10世纪初亚麻纤维开始作为商品在市场上流通。公元前7000年，已经有亚麻被驯化的记载。公元前6000年以前的农业发展系统，也有亚麻和大粒种子在叙利亚、伊朗及其他地区种植的记载。迄今为止，亚麻被人类利用已经有1万年的历史。随着时间的推移，亚麻种植技术从近东地区传播到欧洲、尼罗河流域和西亚地区，后来到了北美洲和澳大利亚。

中国早在5 000年前已经把亚麻当作纤维作物栽培，油用亚麻在我国栽培的记载是在公元前200多年。我国正式栽培生产亚麻的历史很短，1906年清政府的奉天农事场从日本北海道引进俄罗斯栽培的亚麻4个品种，先后在东北三省种植。在东北三省各地30余年的试验证明，吉林省中部平原和东部部分山区、黑龙江省的松嫩平原和三江平原适于种植亚麻。

1.2 亚麻种质资源的分布

亚麻种质资源的分布由生物学特性、起源和栽培利用的历史等因素所决定，在世界上有很强的地域性，它以北半球为主，而且多数集中在北纬40°～65°，在地理上属于温带和寒温带，而且以欧亚两大洲为主，其中，欧洲又占绝对优势。目前俄罗斯、中国、美国、法国、波兰、捷克等国家都掌握了大量的亚麻种质资源，其中，俄罗斯拥有世界上最多的亚麻种质资源。

在我国，纤维用亚麻主要分布在黑龙江、吉林两省；油用、兼用亚麻以内蒙古、山西、河北、甘肃、宁夏、新疆等省（区）最为集中，青海、陕西两省次之，在西藏、云南、贵州、广西、山东等省（区）也有零星种植。在多种多样的自然条件和耕作条件下，通过长期种植和选择，形成了许多生态类型的地方品种，又引进一些国外资源和品种，加之国内相继育成了一批新品种，这就构成了我国现有亚麻丰富多彩的品种资源。

1.3 亚麻种质资源的收集与保存

俄罗斯瓦维洛夫工业作物研究所拥有世界最大的亚麻基因库，收集保存有世界各地亚麻种质资源近6 000份，基因型丰富。法国亚麻之乡集团拥有亚麻资源5 000余份，捷克拥有2 500份，荷兰瓦赫宁根大学共保存947份亚麻种质资源，其中，490份为纤维资源，440份为油用资源。

截至2005年入我国国家种质资源保存库的亚麻资源为2 943份，并初步建立了这些资源的数据库。入库的2 943份亚麻资源有1 822份原产于38个国家，主要有美国499份、俄罗斯156份、阿根廷150份、瑞典134份、匈牙利

130份、法国104份等；有1 121份来源于我国的9个省（区），主要是内蒙古598份、黑龙江234份。

1.4　亚麻种质资源的分类

1.4.1　按用途划分

（1）纤用类型。主要以利用茎秆韧皮纤维为主的亚麻。

（2）油用类型。主要以利用籽粒为主的亚麻。

（3）油纤兼用类型。居于油用和纤用亚麻中间，籽粒和韧皮纤维可兼顾。

1.4.2　按生育期划分

纤维亚麻种质的生育类型依据每份纤维亚麻种质资源在原产地或接近原产地的地区的生长日数长短，按照下列标准，确定种质的生育类型。

（1）早熟类型。生长日数≤65d，早熟类型的种质资源其春性及长日性均弱。

（2）中熟类型。65d<生长日数≤70d，中熟类型的种质资源其春性及长日性居中。

（3）中晚熟类型。70d<生长日数≤75d，中晚熟类型的种质资源其春性及长日性较强。

（4）晚熟类型。生长日数>75d，晚熟类型的种质资源其春性及长日性均强。

油用亚麻种质的生育类型依据每份油用亚麻种质资源在原产地或接近原产地的地区的生长日数长短，按照下列标准，确定种质的生育类型。

（1）早熟类型。生长日数≤90d。

（2）中熟类型。90d<生长日数≤105d。

（3）晚熟类型。生长日数>105d。

油纤兼用类型亚麻种质资源，其形态特征偏向纤维用类型的按照纤维亚麻种质的生育类型分类标准进行分类。其形态特征偏向油用类型的按照油用亚麻种质的生育类型分类标准进行分类。

1.4.3 按温感反应划分

根据温感反应，亚麻可划分为春性、半冬性、冬性3种类型。

1.4.4 根据光反应划分

根据短光照处理下和自然光照条件下亚麻现蕾日数和差值，可将亚麻划分为钝感、中感、敏感3种类型。

（1）钝感。差值≤5.0。

（2）中感。5.0<差值≤15.0。

（3）敏感。差值>15.0。

另外，对亚麻种质资源还可以以出麻率高低分为高纤型、中纤型、低纤型；根据抗逆性强弱分为高抗型、中抗型、低抗型；根据产量高低分为高产型、中产型、低产型等。

1.5 亚麻种质资源特征特性

1.5.1 植物学特性

亚麻全植株由根、茎、叶、花、蒴果和种子6部分构成。亚麻不同品种的株高、工艺长度、分枝数、蒴果数、花颜色、种皮色、千粒重等明显不同。

（1）株高。自植株子叶痕至顶端的高度，以cm表示。

（2）工艺长度。自植株子叶痕至第一个分枝基部间的距离，以cm表示。

（3）分枝数。在植株主茎顶部所着生的第一次分枝的个数。

（4）蒴果数。在植株主茎上着生的全部含种子蒴果数。

（5）花色。蓝色、白色、浅粉色、蓝紫色等。

（6）种皮色。褐色、浅褐色、黄色等。

（7）千粒重。随机取1 000粒种子称其重量，以g表示，3次重复，取平均值，但每次重复误差不得超过0.2g。

纤维亚麻株高70~120cm，分枝数4~5个，蒴果数5~8个；花蓝色、白色、浅粉色、蓝紫色等，生产上应用的大部分品种为蓝色；种皮褐色、浅褐色、黄色等，生产上应用的大部分品种为褐色；千粒重3.2~5.0g。

油用亚麻株高40~60cm，分茎较多，分枝发达，每株蒴果数10~30个，最多可达100多个，种子千粒重7~16g，花蓝色、白色等，种皮褐色、浅褐色、黄色等。

油纤兼用亚麻株高60~90cm，有时有分茎，花序比纤维亚麻发达，单株蒴果较多，主要特征居于油用和纤维亚麻中间，花蓝色、白色等，种皮褐色、浅褐色、黄色等。

1.5.2　生育特性

亚麻生育期主要分苗期、枞形期、快速生长期、开花期和成熟期。

1.5.2.1　苗期

亚麻播种后，有2/3以上的幼苗出土时为苗期。正常条件下，从播种到出苗需5~7d，整个苗期15d。

1.5.2.2　枞形期

幼苗出土后25d左右，株高在5~10cm，出现三对以上真叶，紧密积聚在植株顶部，呈小枞树苗状，所以称枞形期，枞形期一般为20~30d。

1.5.2.3　快速生长期

枞形期后即进入快速生长期，植株的旺盛生长是靠节间伸长进行的。此期特点是植株顶端弯曲下垂，麻茎生长迅速，每昼夜生长3~5cm。快速生长期为20d左右。

1.5.2.4　开花期

亚麻从现蕾到开花需5~7d，纤维亚麻花期10d左右，油用亚麻花期10~27d，每天开花3~5h。亚麻开花期的田间植株标准是：10%植株开花为始花期，50%植株开花为花期，也叫盛花期。

1.5.2.5　成熟期

纤维亚麻开花终了后15~20d达到成熟期，油用亚麻开花后30~40d达到成熟期。成熟期又分为青熟期、黄熟期和完熟期。

（1）青熟期。麻茎和蒴果呈绿色，下部叶片开始枯黄脱落，种子还没有充分成熟。

（2）黄熟期。即工艺成熟期，为纤维品质最好时期。黄熟期田间植株标准是：麻茎有1/3变为黄色，茎下部1/3叶片脱落，蒴果1/3变黄褐色。

（3）完熟期。即种子成熟期。此时麻茎变褐色，叶片脱落蒴果呈暗褐色，种子坚硬饱满，但纤维已变粗硬，品质较差。

纤维亚麻的田间植株标准是：50%以上的植株具有黄熟期的特征时即为纤维亚麻工艺成熟期。油纤兼用和油用亚麻成熟期特点是：50%以上植株具有黄熟期和完熟期的特征时即分别为油纤兼用和油用亚麻适宜成熟期。

1.5.3 经济性状

亚麻的经济性状包括原茎产量、纤维产量、种子产量、出麻率等。

（1）原茎产量。亚麻植株收获脱粒后，摔净根土和茎上的叶及蒴果残体的麻茎为原茎；单位面积实收的原茎重量为原茎产量，以kg/hm²表示。

（2）种子产量。单位面积实收的种子重量，以kg/hm²表示。

（3）干茎制成率。原茎沤好晒干后获得的茎称干茎。

$$干茎制成率（\%）= \frac{干茎重量}{供试原茎重} \times 100$$

（4）长麻率。 $$长麻率（\%）= \frac{长纤维重量}{供试干茎重量} \times 100$$

（5）全麻率。 $$全麻率（\%）= \frac{全纤维重量}{供试干茎重量} \times 100$$

（6）纤维产量。原茎产量×干茎制成率×全麻率，以kg/hm²表示。

1.5.4 纤维品质

亚麻纤维品质主要指标是纤维强度、分裂度、可挠度、成条性和纤维号。

（1）纤维强度。也称纤维拉力，纤维细胞充实，强度大，不易拉断，纤维强度一般在15～30kg。

（2）分裂度。一束纤维梳理后，羌毛少。分裂度好，一般为300～500mm/mg。

（3）可挠度。用来表示纤维的柔软度，一般在60～80mm。纤维可挠度越高，纤维品质越好。

（4）成条性。指纤维束排列整齐性与可分离度。亚麻纤维成条性好，一般纤维外形呈筒状、带状或扁平状，表面光滑。

（5）纤维长度。分为五级：<45cm，46～55cm，56～65cm，66～75cm，76cm以上，长度越长，利用率越高，纺纱质量也高，以"#"表示。

1.5.5 含油率

亚麻籽中所含油脂量占净亚麻籽总重量的百分率。亚麻籽中含油量较高，一般在30%以上，是优质的食用油和工业用油。

1.5.6 抗逆性

抗逆性一般指对风、旱、涝、病、虫等灾害因素的抵抗和耐受能力。

（1）抗旱性。分强、中、弱3级，一般在干旱条件下以影响植株正常生育时调查。

> 强—干旱发生时，植株叶片颜色正常，或者有轻度萎蔫卷缩，但晚上或翌日早能较快恢复正常状态。
>
> 弱—干旱发生时，植株叶片颜色变黄色，生长点萎蔫下垂，叶片明显卷缩，但晚上或翌日早恢复正常状态较慢。
>
> 中—介于强和弱之间。

（2）抗病性。种类有炭疽病、立枯病、萎蔫病、白粉病等。为害程度分4级，每区取一行调查死苗数，取其平均值。

> 无—死苗株数占调查株数5%以下。
>
> 轻—死苗株数占调查株数5%～10%。
>
> 中—死苗株数占调查株数11%～30%。
>
> 重—死苗株数占调查株数30%以上。

（3）倒伏性。分4级，一般在中到大雨或大风后调查。

> 0级—植株直立不倒。
>
> 1级—植株倾斜角度在15°以下。
>
> 2级—植株倾斜角度在15°～45°。

3级—植株倾斜角度在45°以上。

（4）倒伏恢复程度。一般在大风、大雨过后2～3日内调查恢复情况，分4级。

0级—有90%以上倒伏植株恢复直立。

1级—有90%以上倒伏植株恢复到15°。

2级—有90%以上倒伏植株恢复到15°～45°。

3级—有90%以上倒伏植株恢复到45°以上。

2 中国野生亚麻种质资源的种类及生态分布

亚麻科（Linaceae）有22个属，亚麻属（*linum*）是其中之一，亚麻属（*linum*）共有200多个种，主要分布于温带和亚热带山地，地中海地区分布较为集中。中国约9种（其中，8个野生种），主要分布于西北、华北和西南等地。

2.1 长萼亚麻（*Linum corymbulosum* Reichb.）

一年生草本，高10～30cm。根为直根，灰白色，纤细。茎单一，直立，光滑或披星散绒毛，中部以上假二叉状分枝，或茎多数而基部仰卧。叶互生或散生，无柄；叶片狭披针形，长10～15mm，宽1～2mm，先端渐尖呈芒状或钝，两面几无毛，边缘具微牙齿，1脉。花单生叶腋或叶对生，有时散生茎上，常在茎上部集为聚伞状；花多数；苞片与叶同型，花梗与叶片近等长或稍短，直立；萼片披针形，长4～6mm，宽1～1.5mm，长于蒴果近2倍，具一条凸起的中脉，下部边缘具腺毛；花瓣黄色，倒长卵形，长6～8mm，宽约2mm，先端钝圆，基部渐狭成爪；雌、雄蕊同长。蒴果卵圆形，黄褐色，长2～3mm，宽约1.5mm。种子卵状椭圆形，长约1mm，亮黄褐色，光滑。花期在5—6月，果期在6—7月。

分布于新疆西部和西南部。生于沙质或沙砾质河滩、平原荒漠或低山草原。中亚各国和哈萨克斯坦均有分布。

2.2　野亚麻（*Linum stelleroides* Planch.）

一年生或二年生草本，高20～90cm。茎直立，圆柱形，基部木质化，有凋落的叶痕点，不分枝或自中部以上多分枝，无毛。叶互生，线性、线状披针形或狭倒披针形散生，长10～40mm，宽1～4mm，顶部钝、锐尖或渐尖，基部渐狭，无柄，全缘，两面无毛，6脉3基出。单花或多花组成聚伞状花序；花梗长3～15mm，花直径约10mm；萼片5枚，绿色，长卵圆形或阔卵形，长3～4mm，顶部锐尖，基部有不明显的3脉，边缘稍微膜质并有易脱落的黑色头状带柄的腺点，宿存；花瓣5枚，倒卵形，长达9mm，顶端啮蚀状，基部渐狭，淡红色、淡紫色或蓝紫色；雄蕊5枚，与花柱等长，基部合生，通常有退化雄蕊5枚；子房5室，有5棱；花柱5枚，中下部结合或分离，柱头头状，干后黑褐色。蒴果球形或扁球形，直径3～5mm，有纵沟5条，室间开裂。种子长圆形，长2～2.5mm。花期在6—9月，果期在8—10月。

分布于江苏、广东、湖北、河北、山东、吉林、辽宁、黑龙江、山西、陕西、甘肃、贵州、四川、青海和内蒙古。生于海拔630～2 750m的山坡、路旁和荒山地。俄罗斯（西伯利亚）、日本和朝鲜也有分布。

茎皮纤维可作人造棉、麻布和造纸原料。

2.3　异萼亚麻（*Linum heterosepalun* Regel）

多年生草本，高20～50cm。根木质化，粗壮，下部多分枝。茎多数，直立，无毛，基部被淡黄色或近白色鳞片。叶多数，无柄，散生或螺旋状排列；叶片条状披针形或狭披针形，长15～30mm，宽2～5mm，无毛，先端钝或急尖，基部圆形，3～5脉，近顶部叶缘聚红褐色腺毛。花序顶生，聚伞状，具4～8花；花直立，花梗粗壮，长与萼片近相等。萼片长4～6mm，宽5～8mm，外萼片革质，披针形或卵状披针形，先端急尖，边缘具腺毛，内萼片宽卵形或圆卵形，边缘具腺毛或仅一侧具腺毛；花瓣淡蓝色或紫红色，倒长卵形，长于萼片3～4倍，上部具明显冠檐，基部渐狭成宽的爪，爪部呈筒形；雌、雄蕊异长。蒴果球形或卵球，黄棕色，长8～12mm，果瓣具长尖。种子扁状椭圆形，蛋黄棕色，长约5mm，宽约1.5mm。花期在6—7月，果期在7—8月。

分布于天山西部（伊犁）。生于山地草原或旱生灌丛。中亚天山和哈萨克斯坦均有分布。

2.4　宿根亚麻（*Linum perenne* L.）

多年生亚麻（英拉汉植物名称）、豆麻（云南种子植物名录），多年生草本，高20～90cm。根为直根，粗壮，根茎头木质化。茎多数，直立或仰卧，中部以上多分枝，基部木质化，具密集狭条形叶的不育枝。叶互生，叶片狭条形或条状披针形，长8～25mm，宽3～8mm，全缘内卷，先端尖锐，基部变狭，1～3脉。花多数，组成聚伞花序，蓝色，蓝紫色，淡蓝色，直径约20mm；花梗细长，长1～2.5mm，直立或稍向一侧弯曲。萼片5枚，卵形，长3.5～5mm，外面3片先端急尖，内面2片先端钝，全缘，5～7脉，稍凸起；花瓣5枚，倒卵形，长1～1.8cm，顶端圆形，基部楔形；雄蕊5枚，长于或短于雌蕊，或与雌蕊近等长，花丝中部以下稍宽，基部合生；雌雄蕊互生；子房5室，花柱5枚，分离，柱头头状。蒴果近球形，直径3.5～7mm，草黄色，开裂。种子椭圆形，褐色，长约4mm，宽约2mm。花期在6—7月，果期在8—9月。千粒重2.6～3g，含油率36.8%，纤维含量18%～22%。该种有一定的栽培价值。在青海驯化栽培原茎产量可达4 200kg/hm²。

分布于河北、山西、陕西、甘肃、内蒙古、西北和西南等地。生于干旱草原、沙砾质干河滩和干旱的山地阳坡灌丛或草地，海拔达4 100m。俄罗斯西伯利亚至欧洲和西亚均有广泛分布。

2.5　黑水亚麻（*Linum amurense* Alef.）

多年生草本，高25～60cm。根为直根，根茎头木质化。茎多数，丛生，直立，中部以上多分枝，基部木质化，具密集线形叶的不育枝。叶互生或散生，叶片狭条形或条状披针形，长15～20mm，宽2mm，先端尖锐，边缘稍卷或平展，1脉。花多数，排成稀疏聚伞花序；花梗纤细；萼片5枚，卵形或椭圆形，长4～5mm，先端急尖，基部有明显凸起的5脉，侧脉仅至中部或上部；花瓣蓝紫色，倒卵形，长12～15mm，宽4～5mm，先端圆形，基部楔形，脉纹明显；雄蕊5枚，花丝近基部扩展，基部耳形；子房卵形，花柱基部连合，上部分离。蒴果近球形，直径约7mm，草黄色，果梗向下弯垂。花期在6—7月，果期在8月。

分布于东北、内蒙古、陕西、甘肃、青海、宁夏等地。生于草原、山地山坡、干河床沙砾地等。俄罗斯远东和蒙古均有分布。

2.6　垂果亚麻（*Linum nutans* Maxim.）

多年生草本，高20～40cm。根为直根，粗壮，根茎头木质化。茎多数，丛生，直立，中部以上叉状分枝，基部木质化，具鳞片状叶；不育枝通常不发育。叶互生或散生，叶片狭条形或条状披针形，长10～25mm，宽1～3mm，边缘稍卷，无毛。聚伞花序，蓝色，蓝紫色，直径约20mm；花梗纤细，长1～2mm，直立或稍向一侧弯曲。萼片5枚，卵形，长3～5mm，宽2～3mm，基部5脉，边缘膜质，先端急尖；花瓣5枚，倒卵形，长1cm，先端圆形，基部楔形；雄蕊5枚，与雌蕊近等长或短于雌蕊，花丝中部以下稍宽，基部合生成环；雌蕊5枚，锥状，与雄蕊互生；子房5室，卵形，长约2mm；花柱5枚，分离。蒴果近球形，直径6～7mm，草黄色，开裂。种子长圆形，褐色，长约4mm，宽约2mm。花期在6—7月，果期在7—8月。

分布于东北西部草原区、内蒙古、陕西、甘肃、宁夏等地。生于沙质草原、干山坡。俄罗斯西伯利亚和贝加尔地区均有分布。

2.7　短柱亚麻（*Linum pallescens* Bunge）

多年生草本，高10～30cm。高20～90cm。根为直根，粗壮，根茎头木质化。茎多数，丛生，直立或基部仰卧，不分枝或上部分枝，基部木质化，具卵形鳞片状叶，不育枝通常发育，具狭的密集的叶。茎生叶，散生，叶片线状条形，长7~15mm，宽0.5~1.5mm，先端尖锐，基部变狭，叶缘内卷，1脉或3脉。单花腋生或组成聚伞花序，直径约7mm；花梗细长，长1~2.5mm，直立或稍向一侧弯曲。萼片5枚，卵形，长3.5mm，宽2mm，先端钝，具短尖头，外面3片具1~3脉，或间为5脉，侧脉纤细而短，果期中脉明显隆起；花瓣倒卵形，白色或淡蓝色，长为萼片的2倍，先端圆形，微凹，基部楔形；雄蕊和雌蕊近等长，长约4mm，宽约2mm。花期、果期在6—9月。

分布于内蒙古、宁夏、陕西、甘肃、青海、新疆和西藏。生于低山干山坡、荒地和河谷沙砾地。俄罗斯西伯利亚和中亚各国均有分布。

2.8 阿尔泰亚麻（*Linum altaicum* Ledep.）

多年生草本，高30~60cm。根粗壮，根茎头木质化。茎多数，丛生，直立，光滑，不分枝或上部分枝，基部木质化，具卵形鳞片状叶，不育枝通常发育，具狭的密集的叶。茎生叶，散生，叶片线状条形，长7~15mm，宽0.5~1.5mm，先端尖锐，基部变狭，叶缘内卷，1脉或3脉。单花腋生或组成聚伞花序，直径约7mm；花梗细长，长1~2.5mm，直立或稍向一侧弯曲。萼片5枚，卵形，长3.5mm，宽2mm，先端钝，具短尖头，外面3片具1~3脉，或间为5脉，侧脉纤细而短，果期中脉明显隆起；花瓣倒卵形，白色或淡蓝色，长为萼片的2倍，先端圆形，微凹，基部楔形；雄蕊和雌蕊近等长，长约4mm，宽约2mm。花期、果期在6—9月。

分布于新疆北部。生于山地草甸、草甸草原或疏灌丛。中亚和哈萨克斯坦均有分布。

3 "双亚"系列亚麻品种

"双亚"系列亚麻品种是黑龙江省科学院大庆分院亚麻综合利用研究所（前身是：黑龙江省亚麻原料工业研究所）育成的亚麻品种。经几代科技人员的努力，已培育出双亚系列亚麻品种19个，其中，纤维品种18个，油用品种1个。

3.1 双亚5号

审定编号：HS-94-37

原代号：87-424

品种来源：双亚5号品种是采用复合杂交方法（78-99×Typed）F$_1$×（黑亚3号×Natasja）F$_1$经混合个体选择育成的。1975年以6209-717品系（黑龙江省农业科学院经济作物研究所育成）作母本，用荷兰品种Fibar作父本杂交，1978年育成78-99品系。1981年又用黑亚3号品种（黑龙江省农业科学院经济作物研究所育成）作母本，用荷兰品种Natasja为父本杂交；用78-99品系作母本，用法国品种Typed作父本杂交，1982年两个F$_1$再复合杂交，1987年育成87-424品系。1994年通过黑龙江省农作物审定委员会审定，命名为双亚5号。

特征特性：该品种农艺性状优良，纤维类型，生育期75d左右，属中熟品种。抗病性和抗倒伏性远好于标准，达到高抗水平，抗旱性也极强。叶片狭小上竖，花期短，花蓝色，分枝短而收敛，不倒青、不二次开花。该品种株高106cm左右，分枝数3~5个，蒴果数5~7个，千粒重4.9g，种子产量726.1kg/hm²，原茎产量6 916.2kg/hm²，长纤维产量983.7kg/hm²，长麻率17.8%，纤维强度276.4N，纤维号18.5#。

3.2 双亚6号

审定编号：HS-98-30

原代号：88-948

品种来源：双亚6号品种是采用复合杂交方法（7410-95）F₁×（黑亚3号×Ariane）F₁经混合个体选择育成的。1987年用长势繁茂、较高产的6209-717品系（由黑龙江省农业科学院经济作物研究所引进）同抗倒伏性强、长麻率较高的荷兰品种Fibra杂交育成了较高产、高纤的7410-95品系。1982年以7410-95品系与高纤、农艺性状优良的法国品种Tsped杂交，又用适应性较好、较高产的黑亚3号品种与农艺性状优良、较高纤法国品种Ariane杂交。1983年两组合F₁再复交，经混合个体法选择和在病圃筛选，结合早代对纤维含量和抗倒伏性的测定，于1988年育成了农艺性状优良、高产优质品系88-948。1998年通过黑龙江省农作物审定委员会审定，命名为双亚6号。

特征特性：该品种生育期75d左右，属中熟品种，纤维类型。苗期长势呈深绿色，叶片小而上竖，茎秆呈淡黄色；花蓝色，花期集中，无二次开花，花序短，呈伞形。收获时茎秆呈淡黄色，种子扁平、卵圆形，棕色，千粒重5g左右。该品种株高100cm左右，分枝数3~6个，蒴果数4~6个，种子产量755.2kg/hm²，原茎产量6 278.5kg/hm²，长纤维产量1 027kg/hm²，长麻率18.3%，纤维强度276.9N，纤维号18.5#。

3.3 双亚7号

审定编号：HS-2000-32

原代号：89-963

品种来源：双亚7号是采用复合杂交[（6409-669×N atasja）F₁×78-99]

$F_3 \times FR_2$，经混合个体选择育成的亚麻品种。1981年用6409-669×Natasja组合的F_1代为母本同黑龙江省科学院大庆分院亚麻综合利用研究所育成的品系78-99（6209-717×Fibra）杂交，选择到F_3代，1984年又用其未稳定的F_3代作母本与法国品种FR_2杂交，经过选择于1989年选育成89-963品系。2000年2月经黑龙江省农作物品种审定委员会审定推广，命名为双亚7号。

特征特性：该品种生育期74～75d，纤维类型。茎叶呈浅绿色，叶片较肥大，茎秆细而有弹性。花蓝色，呈伞形。成熟期蒴果不开裂，蒴果5～10个。种子褐色，形状为椭圆形而且一面有明显的凹痕，千粒重4.5～5g。抗病性强，死苗率3%以下，抗立枯病、枯萎病和炭疽病，后期不感染白粉病。抗旱性强，严重干旱年份株高也能达到70～80cm。较抗倒伏，正常年份收获0～1级倒伏的植株。种子产量726.1kg/hm²，原茎产量6 916.2kg/hm²，长纤维产量983.7kg/hm²，长麻率17.8%，纤维强度249.9N，纤维号20#。

3.4 双亚8号

审定编号：黑审亚麻2002002

原代号：93-238

品种来源：双亚8号是以（K-6×FR₂）F_1×Viking杂交育成的早熟、优质、高纤维亚麻新品种。1987年以中早熟、高产、抗逆性强的俄罗斯品种K-6为母本，以早熟、特高纤、高抗倒伏、高抗病的法国品种FR_2为父本进行杂交，当年南繁期间又以该组合（K-6×FR₂）的F_1为母本，以早熟优质、高纤、种子产量高的法国品种Viking为父本进行杂交，经过四年混合选择和三年单株选择（两次南繁），于1993年选育出93-238新品系。2002年2月经黑龙江省农作物品种审定委员会审定推广。

特征特性：该品种为生育期72～73d，是目前黑龙江省育成的第一个早熟纤维用亚麻品种。苗期长势繁茂，呈深绿色，蓝色花，花序短，花期集中，基本无边际效应，整齐度好。蒴果5～7个，蒴果成熟后无裂缝。种子浅褐色，光亮，千粒重4～4.5g。抗倒伏性强，倒伏级别0～0.2级，抗病性强，立枯病发病率1.05%，炭疽病发病率0.7%。种子产量586.8kg/hm²，原茎产量5 270.0kg/hm²，长纤维产量914.9kg/hm²，长麻率21.1%，全麻率30%。纤维强度275.4N，纤维号20#，属优质高纤品种。

3.5 双亚9号

审定编号：黑2007-0993

原代号：93-318

品种来源：双亚9号以（黑亚3号×2901）杂交育成，2003年2月经黑龙江省农作物品种审定委员会登记推广。

特征特性：该品种生育期76~78d，属中熟品种，纤维类型。苗期茎秆呈浅绿色，叶片肥大，茎秆粗细均匀，花蓝色，呈伞形。株高100~110cm，茎秆粗细均匀有弹性。蓝色花，伞形花序，蒴果5~7个。种子褐色，千粒重4.5~5g。抗旱性、抗病性强，如抗炭疽病、立枯病和枯萎病，不感染白粉病，抗倒伏性较强。种子产量743.0kg/hm²，原茎产量6 298.1kg/hm²，长纤维产量986.8kg/hm²，长麻率18.1%，纤维强度225.4N，纤维号20#。

3.6 双亚10号

审定编号：黑2007-0994

原代号：96-704

品种来源：双亚10号是以（78-97×奥尔沙）×（85-1832×FR₂）复合杂交育成的。1979年以育成的78-97品系为母本、俄罗斯品种奥尔沙为父本进行杂交，1985年选育出高产、中纤、优质、抗倒伏性强品系85-1832。1987年以85-1832为母本，法国早熟、高纤、优质、多抗品种FR₂为父本进行杂交，经系谱选择于1996年决选出96-704品系。2004年2月经黑龙江省农作物品种审定委员会登记推广。

特征特性：该品种生育期77d，属中熟品种，纤维类型。苗期长势繁茂，茎叶墨绿色，花蓝色，分枝短，花期集中，无二次开花习性，种子褐色有光泽，形状与芝麻种子相似，一般种子一侧表面有新月形凹痕，千粒重4.5g左右。株高92.5cm左右，工艺长度80.8cm，分枝3~4个，蒴果数5~8个，茎秆直立有弹性，抗倒伏性强，收获前倒伏级别恢复为0，在区域试验、生产试验各点次都表现高抗倒伏。抗病性强，苗期死苗率在3%以下，萎蔫病、立枯病、炭疽病发病率平均不足1%，不感染锈病、白粉病。种子产量741.9kg/hm²，原茎产量6 068.7kg/hm²，长纤维产量975.1kg/hm²，长麻率20.6%，全麻率29.9%，纤维强度261.7N，纤维号20#。

3.7 双亚11号

审定编号：黑2007-0995

原代号：96-676

品种来源：双亚11号是以（88-963×Y89-20）杂交育成的品种。1989年以黑龙江省科学院大庆分院亚麻综合利用研究所育成的高纤、优质、综合农艺性状优良的亚麻新品系88-963为母本，以中早熟、高纤、抗倒伏、抗病的比利时材料Y89-20为父本进行杂交，经系圃选择和病圃选择鉴定，于1996年F_9代决选出ch96-676品系。双亚11号是2006年2月通过黑龙江省农作物品种审定委员会登记命名的纤维亚麻新品种。

特征特性：该品种生育期73.5d左右，属中早熟品种，纤维类型。苗期长势繁茂，茎叶绿色，叶片狭长，花蓝色，分枝短，花期集中，种子浅褐色，呈椭圆形，有光泽。成熟时茎秆为淡黄色。株高90~100cm，工艺长80cm左右，分枝3~4个，蒴果5~7个，千粒重4.2g。茎秆直立有弹性，抗倒伏能力强。萎蔫病发病率1.1%，炭疽病发病率0.8%，不感染锈病和白粉病。种子产量584.5kg/hm²，原茎产量5 847.5kg/hm²，长纤维产量970.9kg/hm²，长麻率20.7%，全麻率30.7%，经黑龙江省技术监督局纤维检验所对该品种进行纤维检测分析，纤维强度达238.0N，可挠度30.5mm。

3.8 双亚12号

审定编号：黑2007-0995

原代号：Sh 03-1（99-1043）

品种来源：双亚12号是杂交（双亚5号×Viking）育成的纤维亚麻新品种。1991年以黑龙江省科学院大庆分院亚麻综合利用研究所育成的中纤、优质、综合农艺性状优良的亚麻新品系87-424（双亚5号）为母本，以高抗倒伏、出麻率和纤维强度高的法国品种Viking为父本进行杂交，经混合与个体选择，于1999年决选出ch99-1403优良新品系。2000年该品系经黑龙江省农作物品种审定委员会登记推广，命名为双亚12号。

特征特性：该品种生育期76d，属中熟品种，纤维类型。苗期长势繁茂，呈深绿色，茎秆直立，有弹性，茎的直径为1.4～1.5mm。株高110cm左右，工艺长80cm左右，茎秆直立，有弹性，抗倒伏能力强。花蓝色，花期集中。分枝较短，3～5个，蒴果数为5～7个，种子浅褐色，有光泽，呈椭圆形，千粒重5.0g左右。成熟时茎秆为淡黄色，立枯病发病率1.1%，炭疽病发病率0.9%，不感染锈病和白粉病。种子产量541.0kg/hm²，原茎产量5 567.8kg/hm²，长纤维产量874.2kg/hm²，长麻率19.6%，全麻率29.8%，纤维强度257.34N，纤维号20#。

3.9 双亚13号

审定编号：黑登记2008003

原代号：MH-2

品种来源：双亚13号是以211×Diane的F_2代花药为材料，通过花药培养育成。1998年采用花药培养技术，以育成的优良品211为母本，法国高纤、抗倒、早熟品种Diane为父本的杂种F_2代花药为材料，通过花药培养获得单倍体植株，经染色体加倍获得纯合的二倍体植株，于2001年H_3代决选出亚麻新品系MH-2。2008年1月经黑龙江省农作物品种审定委员会登记命名推广。

特征特性：该品种生育期为77d，属中熟品种，纤维类型。苗期生长势强，叶色浓绿，叶片宽大，抗旱性强；花蓝色，纯度好，花期集中，株高90cm左右，工艺长度70cm左右，茎秆直立，麻茎粗细均匀，抗倒伏能力强；分枝短，分枝数3～5个，蒴果数6～8个，种子棕色，呈卵圆形，千粒重4.9g。立枯病发病率1.0%，炭疽病发病率0.4%，不感染锈病及白粉病。种子产量621.4kg/hm²，原茎产量5 776.4kg/hm²，长纤维产量947.2kg/hm²，长麻率21.0%，全麻率30.3%，纤维强度258.17N。

3.10　双亚14号

审定编号：黑2009-0475

原代号：Sh06-1（02-1935）

品种来源：双亚14号是以[（双亚3号×Hermes）×Hermes]×Hermes×Hermes回交育成，是我国采用回交育种技术育成的第一个纤维用亚麻新品种。1995年以高产、抗逆性强、适应性广的双亚3号为母本，以纤维含量高、纤维品质好的法国品种Hermes为父本进行杂交；1996年再以Hermes为轮回亲本，以双亚3号为非轮回亲本进行回交，回交至BC_2F_1，经混合个体法选择，于2002年决选出02-1935新品系；2009年3月，Sh06-1（02-1935）新品系经黑龙江省农作物品种审定委员会登记为双亚14号新品种。

特征特性：该品种生育期75d，属中熟品种纤维类型。苗期长势繁茂，幼苗、茎叶均呈绿色。株高80～100cm，工艺长70～80cm，茎秆直立，有弹性，抗倒伏能力强。花蓝色，花期集中。分枝较短，4～7个。蒴果数为6～9个，种子褐色，有光泽，呈椭圆形，千粒重4.7g左右。种子产量564.1kg/hm²，原茎产量5 338.4kg/hm²，长纤维产量849.4kg/hm²，长麻率20.0%，全麻率29.8%。纤维强度262.2N，纤维号22#。立枯病发病率0.9%，枯萎病发病率0.5%。

3.11 双亚15号

审定编号：9232011Y0440

原代号：Sh08-1（02-2618）

品种来源：双亚15号是［87-424（双亚5号）×比引7号］杂交育成的纤维亚麻新品种。1992年以黑龙江省科学院大庆分院亚麻综合利用研究所育成的高产、优质、抗逆性强的优良品系87-424（双亚5号）为母本，以从比利时引进的纤维含量高、综合农艺性状优良的品系比引7号为父本进行杂交，经过混合个体选择，于2002年决选出优良新品系02-2618。2008—2009年参加黑龙江省亚麻新品种区域试验，2010年升入黑龙江省亚麻新品种生产试验，参试代号Sh08-1。2011年2月通过黑龙江省农作物品种审定委员会登记推广，命名为双亚15号。

特征特性：该品种生育期78d，属中晚熟品种纤维类型。苗期长势繁茂，株高80～100cm，茎秆粗细均匀，整齐一致，抗倒伏性较强。花蓝色，花期集中。单株分支数3～4个，蒴果数7～8个，种子褐色、椭圆形，千粒重4.0～4.5g，抗倒伏性较强，抗旱和耐盐碱性较强。种子产量634.5kg/hm^2，原茎产量5 593.54kg/hm^2，长纤维产量901.1kg/hm^2，长麻率19.2%，全麻率29.2%，纤维强度262N。立枯病发病率0.9%，炭疽病发病率0.7%。

3.12 双亚16号

审定编号：黑登记2012010

原代号：06-3

品种来源：双亚16号是以双亚7号为基础材料，利用γ射线辐照诱变结合组织培养技术并经田间单株决选育成。2004年以双亚7号无菌苗的下胚轴为外植体离体培养诱导产生愈伤组织，然后利用γ射线对愈伤组织进行辐射，对存活的愈伤组织进行恢复生长后在分化培养基上培养，分化获得再生植株。R_0代进行初步筛选，对表现好的单株，进行株行种植，然后在R_1群体中再次选择，于2006年决选出组培06-3优良品系。2011年12月申报登记新品种，命名为双亚16号。

特征特性：生育期77d，属中熟品系纤维类型。苗期长势繁茂，幼苗、茎叶均呈深绿色，寸间株数22～24株（一寸间的亚麻株数，测定的是主茎中部）。株高86.2cm，工艺长76.7cm左右，茎秆直立，有弹性，抗倒伏能力强，抗旱和耐盐碱性较强。花蓝色，花期集中。分枝3～4个，蒴果数为5～6个，种子褐色，千粒重4.2g。种子产量577.3kg/hm²，原茎产量5 487.2kg/hm²，长纤维产量889.5kg/hm²，长麻率19.5%，全麻率31.2%，纤维强度253N。

3.13 双亚17号

审定编号：黑登记2013008

原代号：Sh10-1（07-1719）

品种来源：双亚17号是通过（Hermes × 9612F₁）杂交育成的纤维亚麻品种。1997年以法国高纤优质品种Hermes为母本，以黑龙江省科学院大庆分院的育种材料9612F₁（89-963 × Evelin）为父本杂交，获得Hermes × 9612F₁组合。采用混合系谱法选种，从F₂代开始选择，于2007年决选出优良品系07-1719。2008—2009年参加黑龙江省科学院大庆分院亚麻综合利用研究所内品种比较试验，2010—2011年参加黑龙江省亚麻新品种区域试验，参试代号Sh10-1，2012年升入黑龙江省亚麻新品种生产试验。2012年12月申报登记新品种，命名为双亚17号。

特征特性：该品种生育期77d左右，属中晚熟品种纤维类型。苗期长势繁茂，株高80～100cm，茎秆粗细均匀，整齐一致，抗倒伏性强。花蓝色，花期集中。单株分枝数3～4个、蒴果数7～9个，种子褐色、椭圆形，千粒重4.0～4.5g。种子产量637.8kg/hm²，原茎产量6 221.2kg/hm²，全纤维产量1 516.5kg/hm²，全麻率30.3%，纤维强度265N。立枯病发病率为1.0%，枯萎病发病率为0.9%，抗旱和耐盐碱性较强。

3.14　双亚18号

审定编号：黑登记2015004

原代号：Sh 11-1（07-1352）

品种来源：双亚18号是选用高纤、高产品系93-318为母本，以法国高纤、抗倒伏品种Diane为父本进行杂交，经混合系谱法选择育成的纤维亚麻品种。1998年以黑龙江省科学院大庆分院自己育成的高纤、高产品系93-318（双亚9号）为母本，以法国高纤、抗倒伏品种Diane为父本进行杂交，获得"93-318×Diane"组合。采用混合系谱法选种，从F$_2$代开始选择，于2007年决选出优良品系07-1352。2008—2009年参加黑龙江省科学院品种比较试验，2011—2012年参加黑龙江省亚麻新品种区域试验，参试代号Sh11-1。2013年升入黑龙江省亚麻新品种生产试验。2015年4月经黑龙江省种子管理局农作物品种审定委会批准登记推广，命名为双亚18号。

特征特性：该品种生育期75d左右，属中熟品种纤维类型。苗期生长势繁茂，在干旱的情况下株高也不低于80cm，雨水调和的情况下株高可达到95cm。茎秆粗细均匀，整齐一致，抗倒伏性较强。花蓝色，花期集中。单株分枝数3~4个，蒴果数5~7个，种子褐色，椭圆形，千粒重4.0~5.0g。全麻率31.6%，纤维强度251N。立枯病发病率为0.8%，枯萎病发病率为1.0%。在大庆地区总盐分0.3%、pH值为8.3的土壤条件下长势良好，所以该品种抗旱和耐盐碱性较强。种子产量629.5kg/hm²，原茎产量6 040.6kg/hm²，全纤维产量1 575.8kg/hm²，全麻率31.6%，纤维强度251N。

3.15　双油麻1号

审定编号：黑登记2016007

原代号：sy2013-1

品种来源：双油麻1号是黑龙江省科学院大庆分院采用系统选种方法，从原有的种质资源GY035中选育出来的油用亚麻新品种。2008年采用系统选择法选种，于2012年决选出优良品系y10-136。2013—2014年参加黑龙江省油用亚麻新品种区域试验，参试代号sy2013-1。2015年升入黑龙江省油用亚麻新品种生产试验。2016年5月经黑龙江省种子管理局农作物品种审定委会批准登记推广，命名为双油亚1号。

特征特性：该品种为油用亚麻品种，生育期78d左右，属中熟品种。苗期长势繁茂，成熟期株高50～65cm，茎秆直立，整齐一致，抗倒伏性强。花蓝色，花期集中。单株主茎分枝数5～47个、蒴果数10～12个，种子褐色、椭圆形，千粒重5.0～6.5g。种子脂肪含量38%～42.5%。种子产量1 241.6～1 423.1kg/hm^2。苗期立枯病发病率为0.7%，枯萎病发病率为1.0%。该品种具有群体整齐、抗倒伏、抗病的特点，耐盐碱性较强。

4 黑龙江省科学院大庆分院已鉴定的亚麻资源

黑龙江省科学院大庆分院拥有的近千份亚麻资源，2014—2016年在黑龙江省院所基本应用技术研究专项支持下，在全体麻类学科团队的共同努力下，已完成755份亚麻资源的鉴定评价工作。国外资源有439份，其中，前苏联79份、瑞典85份、俄罗斯42份、比利时37份、法国47份、荷兰60份、美国18份，日本、瑞士、爱尔兰等国家有71份；国内资源有284份，其中，黑龙江省农业科学院经济作物研究所56份、黑龙江省科学院大庆分院201份、国内其他地方26份；不知来源有32份。

已鉴定亚麻资源主要是从亚麻播种到收获对其进行全生育期的跟踪和调查，重点对生育日数（生育日数是亚麻从出苗到工艺成熟期的天数）、生物学特征、抗倒伏性、发病情况（指生长后期白粉病发病情况）、抗旱性、经济性状进行研究。

通过近些年的试验，现将这些亚麻种质资源在大庆地区的表现，进行了全面的分析，将获得的试验数据总结于下。

序号	库编号	名称	引入时间	引进单位	原产地	类型	花色	生育日数（d）	株高（cm）
1	6801	Co62-1-7（钻62-1-7）	1968	黑龙江省农业科学院经济作物研究所	黑龙江呼兰	纤	蓝	67.00	87.00
2	6802	呼-292（呼系292）	1968	黑龙江省农业科学院经济作物研究所	黑龙江呼兰	纤	蓝	64.20	76.00
3	6803	日本六号	1968	黑龙江省农业科学院经济作物研究所	日本	纤	浅蓝	67.00	62.00
4	6804	N-7	1968	黑龙江省农业科学院经济作物研究所	苏联	纤	蓝	65.70	82.10
5	6805	1288/12	1968	黑龙江省农业科学院经济作物研究所	苏联	纤	蓝	59.00	79.00
6	6806	瑞士九号	1968	黑龙江省农业科学院经济作物研究所	瑞士	纤	浅蓝	64.20	75.30
7	6807	瑞士十号	1968	黑龙江省农业科学院经济作物研究所	瑞士	纤	浅蓝	65.20	77.60
8	6808	青柳	1968	黑龙江省农业科学院经济作物研究所	日本	纤	蓝	67.50	88.30
9	6809	火炬	1968	黑龙江省农业科学院经济作物研究所	苏联	纤	蓝	65.00	62.00
10	6810	华光一号	1968	黑龙江省农业科学院经济作物研究所	吉林公主岭	纤	蓝	68.00	83.00
11	6811	л-1120（乐-1120）	1968	黑龙江省农业科学院经济作物研究所	苏联	纤	蓝	65.00	81.10
12	7101	6201-681（黑亚二号）	1971	黑龙江省农业科学院经济作物研究所	黑龙江呼兰	纤	蓝	68.00	90.90
13	7102	6207-717	1971	黑龙江省农业科学院经济作物研究所	黑龙江呼兰	纤	蓝	66.00	92.30
14	7103	6209-720	1971	黑龙江省农业科学院经济作物研究所	黑龙江呼兰	纤	蓝	65.20	89.00
15	7104	6210-689	1971	黑龙江省农业科学院经济作物研究所	黑龙江呼兰	纤	蓝	65.20	90.00
16	7105	6212-704	1971	黑龙江省农业科学院经济作物研究所	黑龙江呼兰	纤	蓝	66.50	90.30
17	7106	6303-350	1971	黑龙江省农业科学院经济作物研究所	黑龙江呼兰	纤	蓝	67.30	85.40

工艺长（cm）	分枝数（个）	蒴果数（个）	千粒重（g）	种皮色	抗倒伏性（级）	白粉病（级）	抗旱性（级）	种子产量（kg/hm²）	原茎产量（kg/hm²）	全纤维产量（kg/hm²）	全麻率（%）
73.20	3.90	6.00	3.90	褐色	0.80	中	中	874.50	7 813.50	936.00	14.10
63.00	2.80	4.30	3.50	褐色	0.50	中	中	1 030.50	6 051.00	663.00	12.90
44.00	2.50	4.10	3.60	褐色	1.00	无	抗	1 020.00	4 867.50	1 066.50	24.10
67.30	4.00	7.30	3.80	褐色	0.60	重	中	843.00	7 500.00	909.00	14.60
41.60	2.50	4.20	3.80	褐色	1.00	中	中	856.50	4 513.50	694.50	17.50
64.30	3.60	5.80	4.10	褐色	1.75	中	抗	718.50	6 750.00	660.00	13.20
66.00	3.60	5.20	4.00	褐色	1.00	中	抗	813.00	6 313.50	657.00	12.40
75.40	3.30	5.70	3.80	褐色	1.10	无	抗	625.50	8 125.50	712.50	11.10
37.70	2.80	3.70	3.90	褐色	0.50	中	中	1 291.50	4 645.50	922.50	22.20
71.30	3.50	5.10	4.10	褐色	1.10	中	中	718.50	6 250.50	535.50	10.20
68.70	4.00	5.80	3.50	褐色	1.00	中	中	813.00	6 813.00	1 009.50	13.70
77.00	3.50	5.90	3.70	褐色	2.75	重	中	517.50	8 376.00	928.50	13.30
78.90	4.00	7.10	3.90	褐色	1.50	无	抗	625.50	7 875.00	784.50	12.60
75.70	3.00	4.60	4.00	褐色	1.50	重	抗	562.50	8 125.50	829.50	12.60
77.50	2.90	4.50	3.70	褐色	1.50	无	抗	594.00	7 344.00	699.00	12.20
78.50	3.30	4.90	3.70	褐色	2.00	中	抗	468.00	8 469.00	841.50	11.70
70.60	3.50	6.20	4.40	褐色	1.75	无	中	531.00	7 657.50	723.00	11.80

序号	库编号	名称	引入时间	引进单位	原产地	类型	花色	生育日数（d）	株高（cm）
18	7107	6303-647	1971	黑龙江省农业科学院经济作物研究所	黑龙江呼兰	纤	蓝	67.50	95.20
19	7108	6304-654	1971	黑龙江省农业科学院经济作物研究所	黑龙江呼兰	纤	蓝	66.00	88.00
20	7109	6304-655	1971	黑龙江省农业科学院经济作物研究所	黑龙江呼兰	纤	蓝	65.00	83.10
21	7110	6306-707	1971	黑龙江省农业科学院经济作物研究所	黑龙江呼兰	纤	蓝	65.20	87.20
22	7111	6404-567	1971	黑龙江省农业科学院经济作物研究所	黑龙江呼兰	纤	蓝	67.20	87.70
23	7302	Linda（林达）	1973	北京市对外贸易促进会交流中心	比利时	纤	白	73.20	70.00
24	7307	Reina（雷纳）	1973	北京市对外贸易促进会交流中心	荷兰	纤	白	60.00	73.00
25	7308	Wiera（维雷）	1973	北京市对外贸易促进会交流中心	荷兰	纤	白	69.50	65.00
26	7309	Fibra（弗波乐）	1973	北京市对外贸易促进会交流中心	荷兰	纤	白	65.20	83.80
27	7311	Here（黑雷）	1973	北京市对外贸易促进会交流中心	比利时	纤	白	60.00	60.00
28	7312	Here（黑雷）	1973	北京市对外贸易促进会交流中心	法国	纤	白	68.00	60.00
29	7313	Tissandre（梯森法尔）	1973	北京市对外贸易促进会交流中心	法国	纤	白	61.00	67.00
30	7314	Emeraude（依曼拉德）	1973	北京市对外贸易促进会交流中心	法国	纤	浅蓝	66.00	57.00
31	7318	5039	1973	黑龙江省农业科学院经济作物研究所	瑞典	纤	蓝	61.00	50.00
32	7319	5040	1973	黑龙江省农业科学院经济作物研究所	瑞典	纤	蓝	61.00	52.00
33	7320	5041	1973	黑龙江省农业科学院经济作物研究所	瑞典	纤	蓝	60.00	44.00

（续表）

工艺长 （cm）	分枝数 （个）	蒴果数 （个）	千粒重 （g）	种皮色	抗倒伏性 （级）	白粉病 （级）	抗旱性 （级）	种子产量 （kg/hm²）	原茎产量 （kg/hm²）	全纤维产量 （kg/hm²）	全麻率 （%）
82.90	2.80	4.20	3.80	褐色	0.75	重	抗	750.00	8 082.00	921.00	13.90
49.30	2.70	5.50	4.30	褐色	3.00	无	抗	975.00	6 187.50	1 113.00	21.40
72.10	2.90	4.80	3.70	褐色	1.75	中	抗	594.00	6 750.00	721.50	13.70
75.20	2.90	4.60	4.20	褐色	1.75	无	抗	562.50	7 113.00	700.50	12.30
73.70	3.00	5.10	3.90	褐色	0.25	中	中	718.50	8 301.00	807.00	12.30
46.20	2.40	3.70	4.00	褐色	0.33	无	抗	578.10	6 999.00	890.25	16.51
32.80	2.10	3.20	4.10	褐色	0.00	重	中	967.50	5 074.50	1 084.50	24.10
42.70	2.20	3.00	3.90	褐色	0.94	重	中	437.40	5 905.50	690.60	14.87
72.90	2.40	3.30	4.00	褐色	0.00	无	抗	1 000.50	7 551.00	927.00	14.80
49.50	2.30	3.90	3.80	褐色	0.00	重	中	894.00	8 170.50	1 662.00	24.30
40.60	2.10	4.60	4.02	褐色	0.94	重	中	421.80	4 437.00	533.85	16.69
43.30	2.40	6.70	3.90	褐色	0.94	重	中	359.40	6 019.50	806.25	12.26
37.00	2.50	6.60	4.20	褐色	0.00	中	中	1 215.00	3 727.50	769.50	23.40
35.30	2.80	7.60	4.30	褐色	0.00	中	中	819.00	4 387.50	703.50	17.90
29.40	2.60	6.30	3.71	褐色	0.00	轻	中	1 086.00	3 742.50	802.50	23.90
28.70	2.10	6.30	3.60	褐色	0.00	中	中	1 146.00	3 463.50	549.00	17.70

序号	库编号	名称	引入时间	引进单位	原产地	类型	花色	生育日数（d）	株高（cm）
34	7322	5047	1973	黑龙江省农业科学院经济作物研究所	瑞典	纤	蓝	64.00	57.00
35	7324	5054	1973	黑龙江省农业科学院经济作物研究所	瑞典	纤	蓝	69.50	70.00
36	7325	5056	1973	黑龙江省农业科学院经济作物研究所	瑞典	纤	浅蓝	60.00	50.00
37	7326	5058	1973	黑龙江省农业科学院经济作物研究所	瑞典	纤	蓝	67.00	60.00
38	7327	5060	1973	黑龙江省农业科学院经济作物研究所	瑞典	纤	浅蓝	68.20	50.00
39	7328	5061	1973	黑龙江省农业科学院经济作物研究所	瑞典	纤	浅蓝	60.00	48.00
40	7329	5066	1973	黑龙江省农业科学院经济作物研究所	瑞典	纤	浅蓝	65.00	57.00
41	7330	5067	1973	黑龙江省农业科学院经济作物研究所	瑞典	纤	浅蓝	61.00	50.00
42	7331	5068	1973	黑龙江省农业科学院经济作物研究所	瑞典	纤	蓝	68.00	62.00
43	7332	5069	1973	黑龙江省农业科学院经济作物研究所	瑞典	纤	蓝	61.00	47.00
44	7333	5071	1973	黑龙江省农业科学院经济作物研究所	瑞典	纤	浅蓝	64.00	54.00
45	7334	5072	1973	黑龙江省农业科学院经济作物研究所	瑞典	纤	浅蓝	61.00	48.00
46	7335	5074	1973	黑龙江省农业科学院经济作物研究所	瑞典	纤	浅蓝	61.00	46.00
47	7336	5076	1973	黑龙江省农业科学院经济作物研究所	瑞典	纤	蓝	67.00	58.00
48	7338	5081	1973	黑龙江省农业科学院经济作物研究所	瑞典	纤	蓝	70.40	60.00
49	7339	5082	1973	黑龙江省农业科学院经济作物研究所	瑞典	纤	蓝	60.00	43.00

（续表）

工艺长（cm）	分枝数（个）	蒴果数（个）	千粒重（g）	种皮色	抗倒伏性（级）	白粉病（级）	抗旱性（级）	种子产量（kg/hm²）	原茎产量（kg/hm²）	全纤维产量（kg/hm²）	全麻率（%）
29.40	2.60	10.80	4.10	褐色	1.00	无	抗	1 342.50	4 357.50	1 014.00	26.90
25.70	2.30	7.60	3.50	褐色	1.64	无	抗	715.35	5 218.50	603.15	14.85
29.80	2.70	7.90	3.90	褐色	0.00	中	抗	913.50	3 777.00	691.50	21.10
30.10	2.80	6.70	3.64	褐色	0.94	无	抗	715.50	5 500.50	687.00	15.70
29.70	2.70	8.60	3.60	褐色	0.24	轻	中	715.35	4 281.15	487.50	13.76
30.70	2.80	9.90	4.20	褐色	0.00	中	中	1 048.50	5 086.50	1 104.00	24.50
37.50	2.50	8.90	4.02	褐色	1.80	重	抗	826.50	5 433.00	811.50	17.30
34.60	2.50	5.70	4.01	褐色	0.70	重	抗	1 050.00	4 186.50	792.00	21.00
31.00	2.00	4.70	3.90	褐色	0.60	中	抗	1 113.00	3 418.50	550.50	18.10
28.50	2.20	7.30	4.22	褐色	1.00	无	抗	937.50	3 717.00	481.50	14.40
30.80	2.40	5.80	4.30	褐色	1.00	中	抗	858.00	2 934.00	516.00	20.50
25.30	2.70	7.80	3.70	褐色	0.00	重	抗	1 116.00	4 636.50	1 042.50	25.50
30.80	2.80	6.30	3.62	褐色	1.00	重	抗	603.00	4 681.50	979.50	20.10
34.20	2.50	4.90	4.10	褐色	1.94	中	抗	578.25	5 656.50	649.50	14.90
37.80	2.80	6.40	3.50	褐色	0.94	中	抗	671.85	5 593.65	700.05	15.74
27.60	2.30	4.70	3.91	褐色	0.00	重	抗	1 767.00	4 741.50	894.00	21.10

序号	库编号	名称	引入时间	引进单位	原产地	类型	花色	生育日数（d）	株高（cm）
50	7340	5083	1973	黑龙江省农业科学院经济作物研究所	瑞典	纤	蓝	67.10	54.00
51	7341	5087	1973	黑龙江省农业科学院经济作物研究所	瑞典	纤	蓝	61.00	54.00
52	7342	5092	1973	黑龙江省农业科学院经济作物研究所	瑞典	纤	蓝	60.00	48.00
53	7343	5093	1973	黑龙江省农业科学院经济作物研究所	瑞典	纤	蓝	67.60	55.00
54	7344	5094	1973	黑龙江省农业科学院经济作物研究所	瑞典	纤	蓝	65.20	82.90
55	7345	5095	1973	黑龙江省农业科学院经济作物研究所	瑞典	纤	蓝	76.10	50.00
56	7347	5097	1973	黑龙江省农业科学院经济作物研究所	瑞典	纤	蓝	60.00	62.00
57	74001	胜利者	1974	黑龙江省农业科学院经济作物研究所	苏联	纤	蓝	64.20	68.00
58	74002	沙基洛夫斯基	1974	黑龙江省农业科学院经济作物研究所	苏联	纤	蓝	71.00	42.40
59	74003	五河林	1974	黑龙江省农业科学院经济作物研究所	苏联	纤	蓝	73.00	49.00
60	74004	依夫斯克	1974	黑龙江省农业科学院经济作物研究所	苏联	纤	蓝	73.00	49.00
61	74006	夏奇洛夫	1974	黑龙江省农业科学院经济作物研究所	苏联	纤	蓝	71.00	42.00
62	74007	纺织工人	1974	黑龙江省农业科学院经济作物研究所	苏联	纤	蓝	72.00	46.80
63	74008	瓦日格塔士	1974	黑龙江省农业科学院经济作物研究所	苏联	纤	蓝	72.00	46.50
64	74009	斯达哈洛夫	1974	黑龙江省农业科学院经济作物研究所	苏联	纤	蓝	65.20	70.60
65	74010	格鲁吉亚	1974	黑龙江省农业科学院经济作物研究所	苏联	纤	蓝	72.00	49.00

（续表）

工艺长 （cm）	分枝数 （个）	蒴果数 （个）	千粒重 （g）	种皮色	抗倒伏性 （级）	白粉病 （级）	抗旱性 （级）	种子产量 （kg/hm²）	原茎产量 （kg/hm²）	全纤维产量 （kg/hm²）	全麻率 （%）
41.70	2.50	6.60	3.90	褐色	0.85	中	抗	750.00	5 374.50	603.00	14.50
33.70	2.10	4.50	3.73	褐色	1.50	重	抗	1 057.50	4 483.50	892.50	22.10
33.30	2.40	4.30	3.80	褐色	1.60	重	抗	942.00	3 907.50	1 038.00	34.80
34.80	3.10	6.20	4.00	褐色	1.48	重	抗	703.05	5 124.00	568.80	14.17
70.30	2.70	4.30	3.90	褐色	1.50	无	抗	781.50	7 032.00	751.50	13.20
38.70	3.10	7.70	4.20	褐色	1.24	重	抗	445.28	9 309.00	1 203.15	16.49
47.60	2.50	3.80	4.30	褐色	1.01	重	抗	445.20	8 562.00	1 200.00	18.09
54.70	4.00	7.60	3.71	褐色	1.25	中	中	937.50	5 001.00	460.50	11.50
32.80	2.60	4.90	3.60	褐色	0.00	中	抗	1 158.00	5 170.50	1 104.00	23.20
44.00	3.00	6.50	4.10	褐色	1.00	中	中	804.00	4 054.50	685.50	18.80
35.00	2.80	10.20	3.52	褐色	0.50	中	中	1 066.50	4 075.50	781.50	21.90
31.70	5.00	10.70	3.52	褐色	0.00	轻	抗	967.50	3 591.00	783.00	24.10
34.10	4.30	7.80	3.60	褐色	2.00	中	抗	741.00	3 681.00	649.50	19.90
31.90	4.60	9.30	3.60	褐色	2.00	中	抗	936.00	3 954.00	798.00	22.70
58.00	3.30	6.30	4.11	褐色	1.10	无	抗	1 000.50	5 812.50	561.00	11.10
36.00	3.50	5.20	3.70	褐色	3.00	重	抗	816.00	3 943.50	778.50	21.90

序号	库编号	名称	引入时间	引进单位	原产地	类型	花色	生育日数（d）	株高（cm）
66	74011	立陶宛	1974	黑龙江省农业科学院经济作物研究所	苏联	纤	蓝	74.00	44.50
67	74012	沃龙涅什	1974	黑龙江省农业科学院经济作物研究所	苏联	纤	蓝	65.70	70.20
68	74013	阿尔明尼亚	1974	黑龙江省农业科学院经济作物研究所	苏联	纤	蓝	72.00	63.00
69	74014	卡尔赫斯坦	1974	黑龙江省农业科学院经济作物研究所	苏联	纤	蓝	73.00	65.00
70	74015	806-3	1974	黑龙江省农业科学院经济作物研究所	苏联	纤	蓝	64.70	70.80
71	74016	Z-W-5-1	1974	黑龙江省农业科学院经济作物研究所	苏联	纤	蓝	72.00	48.00
72	74017	B-140	1974	黑龙江省农业科学院经济作物研究所	苏联	纤	蓝	72.00	57.00
73	74018	B-3	1974	黑龙江省农业科学院经济作物研究所	苏联	纤	蓝	64.00	71.80
74	74019	B-308	1974	黑龙江省农业科学院经济作物研究所	苏联	纤	蓝	68.10	59.00
75	74020	B-1650	1974	黑龙江省农业科学院经济作物研究所	苏联	纤	蓝	73.00	54.00
76	74021	B-5237	1974	黑龙江省农业科学院经济作物研究所	苏联	纤	白	65.00	60.00
77	74022	PC-1	1974	黑龙江省农业科学院经济作物研究所	苏联	纤	蓝	72.00	60.00
78	74023	苏70	1974	黑龙江省农业科学院经济作物研究所	苏联	纤	蓝	73.75	68.20
79	74024	苏71	1974	黑龙江省农业科学院经济作物研究所	苏联	纤	蓝	72.00	53.00
80	74025	苏72	1974	黑龙江省农业科学院经济作物研究所	苏联	纤	蓝	72.00	49.00
81	74026	苏73	1974	黑龙江省农业科学院经济作物研究所	苏联	纤	蓝	73.00	51.00

（续表）

工艺长 （cm）	分枝数 （个）	蒴果数 （个）	千粒重 （g）	种皮色	抗倒伏性 （级）	白粉病 （级）	抗旱性 （级）	种子产量 （kg/hm²）	原茎产量 （kg/hm²）	全纤维产量 （kg/hm²）	全麻率 （%）
31.00	3.60	5.50	3.50	褐色	1.00	无	抗	1 183.50	3 888.00	793.50	22.40
58.20	3.60	6.30	4.10	褐色	2.00	中	抗	562.50	4 626.00	429.00	11.90
44.00	4.30	9.10	4.10	褐色	1.20	轻	抗	1 018.50	3 747.00	714.00	21.20
43.00	4.80	10.60	3.63	褐色	1.12	中	抗	1 003.50	3 514.50	813.00	25.50
58.30	4.00	7.90	4.30	褐色	2.10	轻	抗	718.50	5 376.00	513.00	12.40
31.00	4.20	9.10	3.70	褐色	2.70	轻	抗	807.00	4 287.00	963.00	24.80
37.00	3.70	8.40	3.68	褐色	2.70	中	抗	730.50	4 150.50	547.50	15.00
59.20	3.10	5.80	3.90	褐色	0.75	无	抗	813.00	4 875.00	580.50	14.70
42.00	2.70	4.20	3.90	褐色	1.24	中	抗	687.53	5 187.00	662.55	16.32
40.50	4.30	9.30	3.50	褐色	2.00	重	中	1 027.50	6 423.00	1 324.50	22.80
42.00	4.00	6.70	3.80	褐色	3.00	重	中	537.00	3 592.50	793.50	18.90
40.00	5.20	12.00	3.72	褐色	1.00	中	抗	597.00	3 625.50	709.50	21.50
55.50	2.90	5.40	3.60	褐色	1.00	轻	抗	887.55	8 784.00	1 241.70	17.67
41.00	3.00	5.60	3.70	褐色	0.00	无	抗	918.00	3 736.50	726.00	21.30
37.00	3.80	8.10	3.64	褐色	0.00	无	抗	1 182.00	4 060.50	763.50	21.10
39.00	2.50	8.20	4.10	褐色	0.00	无	抗	1 243.50	4 060.50	672.00	18.50

序号	库编号	名称	引入时间	引进单位	原产地	类型	花色	生育日数（d）	株高（cm）
82	74027	苏75	1974	黑龙江省农业科学院经济作物研究所	苏联	纤	蓝	72.00	47.70
83	74028	苏76	1974	黑龙江省农业科学院经济作物研究所	苏联	纤	蓝	67.70	54.00
84	74029	苏77	1974	黑龙江省农业科学院经济作物研究所	苏联	纤	蓝	72.00	55.50
85	74030	苏78	1974	黑龙江省农业科学院经济作物研究所	苏联	纤	蓝	64.00	42.50
86	74032	苏80	1974	黑龙江省农业科学院经济作物研究所	苏联	纤	蓝	72.00	46.70
87	74033	苏81	1974	黑龙江省农业科学院经济作物研究所	苏联	纤	蓝	73.00	42.60
88	74034	苏82	1974	黑龙江省农业科学院经济作物研究所	苏联	纤	蓝	73.00	37.30
89	74035	苏84	1974	黑龙江省农业科学院经济作物研究所	苏联	纤	白	73.00	64.20
90	74036	苏85	1974	黑龙江省农业科学院经济作物研究所	苏联	纤	蓝	73.00	48.20
91	74037	苏86	1974	黑龙江省农业科学院经济作物研究所	苏联	纤	白	67.00	45.80
92	74038	苏89	1974	黑龙江省农业科学院经济作物研究所	苏联	纤	蓝	72.00	45.10
93	74039	苏90	1974	黑龙江省农业科学院经济作物研究所	苏联	纤	蓝	72.00	39.50
94	74040	苏92	1974	黑龙江省农业科学院经济作物研究所	苏联	纤	蓝	68.10	42.90
95	74044	波兰4号	1974	黑龙江省农业科学院经济作物研究所	波兰	纤	蓝	74.00	46.80
96	74045	英国亚麻	1974	黑龙江省农业科学院经济作物研究所	英国	纤	蓝	72.00	56.00
97	74047	英国2号	1974	黑龙江省农业科学院经济作物研究所	英国	油	蓝	72.00	45.80

（续表）

工艺长（cm）	分枝数（个）	蒴果数（个）	千粒重（g）	种皮色	抗倒伏性（级）	白粉病（级）	抗旱性（级）	种子产量（kg/hm²）	原茎产量（kg/hm²）	全纤维产量（kg/hm²）	全麻率（%）
36.30	2.10	5.70	3.78	褐色	1.00	中	抗	1 039.50	4 197.00	972.00	25.30
38.00	2.10	4.40	3.59	褐色	1.09	轻	中	766.88	4 999.50	576.00	14.10
40.00	3.40	6.40	4.10	褐色	0.50	轻	抗	987.00	4 296.00	754.50	19.60
33.60	3.70	5.30	4.10	褐色	1.00	中	抗	1 060.50	4 561.50	817.50	21.90
35.70	4.00	7.70	3.60	褐色	0.00	无	抗	1 288.50	3 768.00	852.00	25.10
29.50	4.10	7.20	4.31	褐色	0.00	无	抗	835.50	3 513.00	877.50	29.10
27.30	3.50	4.50	3.70	褐色	0.00	无	抗	1 069.50	3 363.00	744.00	24.20
52.10	3.50	5.80	3.60	褐色	0.00	无	抗	706.50	4 578.00	853.50	21.70
34.10	2.80	4.30	3.90	褐色	0.00	无	抗	1 003.50	3 565.50	822.00	25.20
36.10	3.50	6.90	3.90	褐色	1.09	轻	中	718.73	5 311.50	690.60	16.89
35.10	4.00	8.60	3.56	褐色	0.50	轻	抗	843.00	3 544.50	822.00	25.80
32.10	3.70	8.20	3.80	褐色	1.00	轻	抗	937.50	3 454.50	732.00	24.40
32.30	2.80	5.10	3.74	褐色	0.71	轻	抗	859.35	5 406.00	681.00	15.26
34.90	3.00	6.50	4.10	褐色	1.00	轻	抗	847.50	5 908.50	1 135.50	21.40
35.00	3.10	6.50	3.70	褐色	0.50	无	抗	1 087.50	4 423.50	867.00	22.10
36.40	2.40	5.00	4.50	褐色	1.00	轻	中	694.50	3 363.00	787.50	16.70

序号	库编号	名称	引入时间	引进单位	原产地	类型	花色	生育日数（d）	株高（cm）
98	74048	保加利亚4号	1974	黑龙江省农业科学院经济作物研究所	保加利亚	纤	蓝	69.30	55.00
99	74049	保加利亚5号	1974	黑龙江省农业科学院经济作物研究所	保加利亚	纤	蓝	67.10	47.50
100	74050	保加利亚6号	1974	黑龙江省农业科学院经济作物研究所	保加利亚	纤	蓝	67.10	41.50
101	74056	法国一号	1974	黑龙江省农业科学院经济作物研究所	法国	纤	蓝	72.00	44.00
102	74059	罗马尼亚	1974	黑龙江省农业科学院经济作物研究所	罗马尼亚	纤	蓝	73.00	57.00
103	74060	罗马尼亚1号	1974	黑龙江省农业科学院经济作物研究所	罗马尼亚	油	蓝	73.00	48.10
104	74061	罗马尼亚2号	1974	黑龙江省农业科学院经济作物研究所	罗马尼亚	纤	蓝	72.00	33.40
105	74064	日本3号	1974	黑龙江省农业科学院经济作物研究所	日本	纤	蓝	67.20	40.50
106	74065	日本4号	1974	黑龙江省农业科学院经济作物研究所	日本	纤	白	67.50	51.90
107	74066	日本5号	1974	黑龙江省农业科学院经济作物研究所	日本	纤	蓝	74.00	46.50
108	74067	日本7号	1974	黑龙江省农业科学院经济作物研究所	日本	纤	蓝	67.00	48.00
109	74068	云龙	1974	黑龙江省农业科学院经济作物研究所	日本	纤	蓝	68.00	46.20
110	74071	瑞士一号	1974	黑龙江省农业科学院经济作物研究所	瑞士	纤	蓝	67.50	49.40
111	74072	瑞士5号	1974	黑龙江省农业科学院经济作物研究所	瑞士	纤	蓝	73.00	51.00
112	74073	瑞士6号	1974	黑龙江省农业科学院经济作物研究所	瑞士	纤	白	64.70	70.20
113	74074	瑞士7号	1974	黑龙江省农业科学院经济作物研究所	瑞士	纤	白	67.70	83.80

（续表）

工艺长（cm）	分枝数（个）	蒴果数（个）	千粒重（g）	种皮色	抗倒伏性（级）	白粉病（级）	抗旱性（级）	种子产量（kg/hm²）	原茎产量（kg/hm²）	全纤维产量（kg/hm²）	全麻率（%）
41.00	3.20	7.40	4.12	褐色	0.00	无	中	624.75	7 843.50	1 540.50	24.47
36.20	2.90	6.60	4.10	褐色	0.94	无	中	718.73	5 526.00	634.35	14.57
30.90	2.90	5.00	3.60	褐色	0.77	中	中	796.88	4 936.50	603.15	15.18
34.00	2.30	4.30	3.60	褐色	0.00	无	中	1 203.00	2 536.50	466.50	20.50
45.00	3.10	8.90	3.90	褐色	0.00	无	中	1 036.50	5 469.00	922.50	18.60
36.40	3.40	5.30	4.02	褐色	0.00	无	抗	709.50	5 166.00	546.00	13.10
25.30	4.00	8.50	3.80	褐色	0.00	无	抗	723.00	4 075.50	525.00	14.10
30.00	3.80	9.30	3.86	褐色	1.05	轻	抗	1 190.25	4 876.50	584.40	15.30
39.40	3.20	5.90	3.90	褐色	0.94	轻	抗	734.40	5 533.50	531.30	12.39
38.00	3.10	7.40	3.90	褐色	1.25	轻	抗	500.03	6 937.50	978.15	18.50
39.50	3.20	6.60	4.10	褐色	1.44	轻	抗	843.75	5 155.50	631.20	15.56
36.30	2.30	5.90	4.10	褐色	1.56	中	抗	781.28	5 718.60	687.45	15.96
38.40	3.60	7.00	4.03	褐色	1.32	中	抗	734.40	5 686.50	637.50	14.00
42.50	3.30	6.30	3.80	褐色	2.00	中	抗	592.50	5 044.50	396.00	18.30
59.00	3.10	4.90	4.00	褐色	0.00	轻	抗	781.50	5 001.00	658.50	15.00
68.00	3.10	6.10	3.90	褐色	0.80	轻	抗	718.50	7 308.00	733.50	12.10

序号	库编号	名称	引入时间	引进单位	原产地	类型	花色	生育日数（d）	株高（cm）
114	74075	瑞士8号	1974	黑龙江省农业科学院经济作物研究所	瑞士	纤	白	67.20	81.20
115	74076	瑞典2号	1974	黑龙江省农业科学院经济作物研究所	瑞典	纤	蓝	73.00	74.90
116	74077	瑞典5号	1974	黑龙江省农业科学院经济作物研究所	瑞典	纤	浅蓝	72.50	44.20
117	74078	瑞典6号	1974	黑龙江省农业科学院经济作物研究所	瑞典	油纤	蓝	73.00	41.70
118	74079	瑞典7号	1974	黑龙江省农业科学院经济作物研究所	瑞典	纤	浅蓝	64.70	81.90
119	74080	波兰新引1号	1974	黑龙江省农业科学院经济作物研究所	波兰	纤	蓝	75.00	40.90
120	74081	波兰新引2号	1974	黑龙江省农业科学院经济作物研究所	波兰	纤	蓝	65.00	70.00
121	74082	波兰新引3号	1974	黑龙江省农业科学院经济作物研究所	波兰	纤	白	69.50	50.70
122	74084	哈系348	1974	黑龙江省农业科学院经济作物研究所	黑龙江哈尔滨	纤	蓝	72.00	43.60
123	74085	哈系419	1974	黑龙江省农业科学院经济作物研究所	黑龙江哈尔滨	纤	蓝	64.70	67.10
124	74086	克山二号	1974	黑龙江省农业科学院经济作物研究所	黑龙江克山	纤	白	67.50	63.90
125	74087	克系58	1974	黑龙江省农业科学院经济作物研究所	黑龙江克山	纤	白	62.00	66.00
126	74088	克系146	1974	黑龙江省农业科学院经济作物研究所	黑龙江克山	纤	蓝	76.20	42.00
127	74089	华光2号	1974	黑龙江省农业科学院经济作物研究所	吉林公主岭	纤	蓝	64.50	65.00
128	74090	老头沟	1974	黑龙江省农业科学院经济作物研究所	吉林老头沟	纤	蓝	64.00	63.10
129	74093	紫花	1974	黑龙江省农业科学院经济作物研究所	黑龙江呼兰	纤	蓝	72.70	43.00

（续表）

工艺长 （cm）	分枝数 （个）	蒴果数 （个）	千粒重 （g）	种皮色	抗倒伏性 （级）	白粉病 （级）	抗旱性 （级）	种子产量 （kg/hm²）	原茎产量 （kg/hm²）	全纤维产量 （kg/hm²）	全麻率 （%）
68.20	3.10	5.40	4.06	褐色	1.00	轻	抗	562.50	5 625.00	541.50	11.90
61.10	2.50	3.40	3.70	褐色	2.00	轻	中	745.50	6 711.00	979.50	17.60
31.60	3.70	9.30	3.80	褐色	0.40	轻	抗	886.88	5 686.50	728.10	15.99
31.90	3.20	7.50	4.70	褐色	2.70	中	中	850.50	4 561.50	501.00	21.20
68.40	3.30	5.60	3.90	褐色	1.25	中	中	969.00	6 562.50	831.00	14.40
30.20	3.60	7.50	3.92	褐色	2.00	中	中	1 042.50	6 241.50	1 414.50	25.40
34.00	2.80	4.40	3.74	褐色	0.80	轻	抗	633.00	5 712.00	1 063.50	21.10
39.30	4.00	6.10	4.06	褐色	2.00	中	中	781.50	4 801.50	633.00	15.50
32.70	4.20	8.70	3.80	褐色	2.10	轻	中	771.00	4 408.50	595.50	15.40
53.70	3.80	6.60	3.90	褐色	1.50	重	中	1 062.00	6 250.50	592.50	11.70
51.60	3.10	4.80	3.85	褐色	0.75	重	中	937.50	4 626.00	454.50	11.30
36.70	4.90	9.00	3.81	褐色	0.90	中	中	619.50	4 120.50	633.00	17.00
33.00	3.60	7.80	3.78	褐色	1.34	重	抗	843.75	5 092.50	648.75	16.78
52.40	3.70	6.90	3.90	褐色	1.50	中	中	1 062.00	4 938.00	489.00	11.50
51.60	3.90	6.70	3.92	褐色	0.75	中	抗	1 437.00	4 563.00	411.00	11.10
32.50	3.40	7.10	4.10	褐色	2.50	重	抗	1 215.60	8 046.00	869.70	13.51

序号	库编号	名称	引入时间	引进单位	原产地	类型	花色	生育日数（d）	株高（cm）
130	74094	红花	1974	黑龙江省农业科学院经济作物研究所	黑龙江呼兰	油纤	紫	64.50	70.40
131	74098	呼系602	1974	黑龙江省农业科学院经济作物研究所	黑龙江呼兰	纤	蓝	64.70	79.50
132	74099	呼兰2号	1974	黑龙江省农业科学院经济作物研究所	黑龙江呼兰	纤	蓝	65.00	46.00
133	74100	克山1号（兰）	1974	黑龙江省农业科学院经济作物研究所	黑龙江克山	纤	蓝	64.00	67.40
134	74101	克山	1974	黑龙江省农业科学院经济作物研究所	黑龙江克山	纤	蓝	64.00	68.10
135	74102	早熟1号	1974	黑龙江省农业科学院经济作物研究所	黑龙江克山	纤	蓝	68.70	44.80
136	74105	克山1号（白）	1974	黑龙江省农业科学院经济作物研究所	黑龙江克山	纤	白	64.20	76.00
137	74106	5098	1974	黑龙江省农业科学院经济作物研究所	瑞典	油	蓝	72.00	39.90
138	74107	5099	1974	黑龙江省农业科学院经济作物研究所	瑞典	纤	浅蓝	67.20	46.80
139	74108	5101	1974	黑龙江省农业科学院经济作物研究所	瑞典	纤	蓝	75.00	45.40
140	74109	5102	1974	黑龙江省农业科学院经济作物研究所	瑞典	纤	蓝	72.00	52.40
141	74110	5103	1974	黑龙江省农业科学院经济作物研究所	瑞典	油纤	蓝	64.00	43.70
142	74111	5104	1974	黑龙江省农业科学院经济作物研究所	瑞典	油纤	蓝	67.70	47.50
143	74112	5105	1974	黑龙江省农业科学院经济作物研究所	瑞典	纤	蓝	68.90	65.90
144	74113	5107	1974	黑龙江省农业科学院经济作物研究所	瑞典	纤	蓝	74.00	61.00
145	74114	5108	1974	黑龙江省农业科学院经济作物研究所	瑞典	油纤	蓝	74.00	44.10

（续表）

工艺长 （cm）	分枝数 （个）	蒴果数 （个）	千粒重 （g）	种皮色	抗倒 伏性 （级）	白粉 病 （级）	抗旱 性 （级）	种子产量 （kg/hm²）	原茎产量 （kg/hm²）	全纤维 产量 （kg/hm²）	全麻率 （%）
59.10	3.10	4.90	4.62	褐色	0.75	中	中	1 156.50	5 832.00	700.50	14.30
66.30	3.40	5.80	4.03	褐色	1.00	轻	抗	1 125.00	5 688.00	715.50	14.30
37.00	3.70	7.10	3.87	褐色	1.00	轻	抗	981.00	4 546.50	927.00	21.40
55.00	3.10	4.80	3.96	褐色	0.75	轻	抗	1 375.50	5 238.00	567.00	12.90
55.40	4.00	6.50	4.12	褐色	0.75	轻	抗	1 218.00	4 875.00	480.00	12.80
36.60	3.00	5.40	3.89	褐色	2.50	中	抗	943.80	3 445.50	393.00	14.25
62.00	3.50	6.00	3.78	褐色	0.50	中	抗	906.00	5 467.50	571.50	13.40
29.60	4.40	10.00	4.78	褐色	2.00	重	抗	703.50	3 444.00	417.00	13.50
34.50	4.40	9.70	4.22	褐色	1.01	重	抗	734.40	5 094.00	646.95	15.89
33.80	4.80	8.60	4.06	褐色	2.30	轻	抗	694.50	4 696.50	571.50	13.40
40.00	3.90	6.80	3.97	褐色	2.50	中	中	792.00	4 666.50	757.50	17.70
35.60	4.20	8.20	4.20	褐色	2.00	重	抗	982.50	3 393.00	573.00	18.40
38.40	3.60	6.50	4.32	褐色	0.94	轻	抗	687.45	4 624.50	481.20	13.27
55.80	4.10	7.20	4.00	褐色	0.90	中	抗	828.00	6 093.00	862.50	18.52
50.20	3.50	6.30	4.12	褐色	2.70	中	抗	496.50	4 726.50	721.50	17.40
34.80	3.20	3.40	4.32	褐色	2.30	重	抗	592.50	5 626.50	799.50	15.90

序号	库编号	名称	引入时间	引进单位	原产地	类型	花色	生育日数（d）	株高（cm）
146	74115	5109	1974	黑龙江省农业科学院经济作物研究所	瑞典	油纤	蓝	71.00	35.70
147	74116	5110	1974	黑龙江省农业科学院经济作物研究所	瑞典	油纤	蓝	68.70	37.80
148	74117	5111	1974	黑龙江省农业科学院经济作物研究所	瑞典	油纤	蓝	72.00	44.00
149	74118	5112	1974	黑龙江省农业科学院经济作物研究所	瑞典	油	蓝	70.00	38.00
150	74119	5113	1974	黑龙江省农业科学院经济作物研究所	瑞典	油纤	浅蓝	68.40	50.20
151	74120	5114	1974	黑龙江省农业科学院经济作物研究所	瑞典	油纤	蓝	74.00	51.00
152	74121	5116	1974	黑龙江省农业科学院经济作物研究所	瑞典	油纤	蓝	67.90	46.60
153	74122	5117	1974	黑龙江省农业科学院经济作物研究所	瑞典	油纤	蓝	68.20	47.70
154	74124	5123	1974	黑龙江省农业科学院经济作物研究所	瑞典	油纤	浅蓝	68.40	38.80
155	74125	5125	1974	黑龙江省农业科学院经济作物研究所	瑞典	油纤	蓝	67.20	42.30
156	74126	5128	1974	黑龙江省农业科学院经济作物研究所	瑞典	油纤	蓝	69.00	34.90
157	74127	5129	1974	黑龙江省农业科学院经济作物研究所	瑞典	油纤	浅蓝	69.70	43.20
158	74128	5131	1974	黑龙江省农业科学院经济作物研究所	瑞典	油纤	蓝	68.40	38.20
159	74130	5135	1974	黑龙江省农业科学院经济作物研究所	瑞典	油纤	蓝	67.20	40.70
160	74131	5138	1974	黑龙江省农业科学院经济作物研究所	瑞典	油纤	浅蓝	67.40	37.00
161	74132	5153	1974	黑龙江省农业科学院经济作物研究所	瑞典	纤	白	71.00	69.70

（续表）

工艺长（cm）	分枝数（个）	蒴果数（个）	千粒重（g）	种皮色	抗倒伏性（级）	白粉病（级）	抗旱性（级）	种子产量（kg/hm²）	原茎产量（kg/hm²）	全纤维产量（kg/hm²）	全麻率（%）
27.10	3.50	7.80	4.26	褐色	0.50	轻	抗	903.00	4 068.00	637.50	17.60
29.20	3.10	7.50	4.27	褐色	1.10	中	抗	656.25	4 618.50	633.15	14.58
36.00	4.00	7.20	4.34	褐色	1.50	中	中	667.50	4 231.50	594.00	15.40
30.10	4.10	6.10	4.48	褐色	1.00	重	抗	633.00	4 444.50	648.00	16.10
38.70	3.80	7.90	4.31	褐色	0.88	轻	抗	718.65	5 467.50	621.90	14.27
42.80	4.10	9.30	4.28	褐色	0.50	轻	抗	756.00	7 494.00	1 419.00	17.80
37.80	3.10	5.30	4.40	褐色	1.10	轻	抗	624.90	5 593.50	724.95	16.47
36.60	4.10	7.70	4.34	褐色	0.88	中	抗	812.40	5 406.00	528.15	12.32
32.40	4.10	8.60	4.32	褐色	0.88	轻	抗	828.00	5 406.00	642.45	14.37
30.90	4.00	6.70	4.42	褐色	0.88	中	抗	656.25	4 687.50	534.45	14.26
26.50	3.70	7.10	4.27	褐色	3.00	中	抗	964.50	3 535.50	627.00	18.40
33.60	4.10	8.80	4.46	褐色	1.16	无	抗	671.85	5 718.00	653.10	14.51
28.40	3.10	6.50	4.52	褐色	1.09	重	抗	843.75	5 250.00	678.15	15.59
30.90	3.70	7.10	4.35	褐色	0.26	中	抗	768.75	4 437.00	512.55	14.15
29.00	3.20	6.30	4.39	褐色	0.58	中	抗	1 015.50	4 542.00	526.95	15.36
50.80	3.30	8.50	3.98	褐色	0.00	重	抗	1 102.50	3 625.50	724.50	23.60

序号	库编号	名称	引入时间	引进单位	原产地	类型	花色	生育日数（d）	株高（cm）
162	74133	5157	1974	黑龙江省农业科学院经济作物研究所	瑞典	油纤	蓝	71.00	37.90
163	74134	5159	1974	黑龙江省农业科学院经济作物研究所	瑞典	油纤	蓝	69.00	39.30
164	74135	5160	1974	黑龙江省农业科学院经济作物研究所	瑞典	纤	蓝	72.40	56.70
165	74136	5161	1974	黑龙江省农业科学院经济作物研究所	瑞典	纤	蓝	72.00	48.50
166	74137	5162	1974	黑龙江省农业科学院经济作物研究所	瑞典	纤	白	64.20	75.00
167	74138	5163	1974	黑龙江省农业科学院经济作物研究所	瑞典	纤	蓝紫	73.00	58.90
168	74139	5164	1974	黑龙江省农业科学院经济作物研究所	瑞典	纤	白	75.00	67.20
169	74140	5165	1974	黑龙江省农业科学院经济作物研究所	瑞典	纤	白	67.70	49.50
170	74141	5171	1974	黑龙江省农业科学院经济作物研究所	瑞典	油纤	蓝	68.70	36.20
171	74144	5179	1974	黑龙江省农业科学院经济作物研究所	瑞典	油纤	蓝	70.00	36.10
172	74145	5181	1974	黑龙江省农业科学院经济作物研究所	瑞典	油纤	蓝	68.40	34.70
173	74146	5184	1974	黑龙江省农业科学院经济作物研究所	瑞典	油纤	蓝	69.00	35.30
174	74147	5185	1974	黑龙江省农业科学院经济作物研究所	瑞典	油纤	蓝	67.40	43.80
175	74148	5186	1974	黑龙江省农业科学院经济作物研究所	瑞典	油纤	蓝	69.00	44.00
176	74149	5188	1974	黑龙江省农业科学院经济作物研究所	瑞典	油纤	蓝	71.00	45.00
177	74150	苏88	1974	黑龙江省农业科学院经济作物研究所	苏联	油	蓝	69.00	40.80

（续表）

工艺长（cm）	分枝数（个）	蒴果数（个）	千粒重（g）	种皮色	抗倒伏性（级）	白粉病（级）	抗旱性（级）	种子产量（kg/hm²）	原茎产量（kg/hm²）	全纤维产量（kg/hm²）	全麻率（%）
28.40	3.00	5.80	4.38	褐色	0.00	中	抗	922.50	3 474.00	598.50	19.80
28.90	3.30	6.60	4.52	褐色	0.00	重	抗	798.00	3 130.50	406.50	17.80
45.60	3.80	7.50	4.04	褐色	1.09	轻	抗	771.00	5 686.50	728.10	16.09
34.90	3.00	9.70	4.10	褐色	1.00	轻	抗	1 227.00	3 939.00	697.50	21.10
62.40	3.40	5.00	3.96	褐色	0.75	轻	抗	874.50	6 003.00	547.50	16.60
47.90	2.90	4.60	3.88	褐色	0.30	无	抗	777.00	3 676.50	672.00	20.90
50.10	3.10	6.90	4.02	褐色	0.50	无	抗	511.50	5 626.50	961.50	18.90
36.00	2.70	4.10	4.10	褐色	0.00	中	抗	963.00	4 908.00	799.50	19.60
27.40	3.10	8.80	4.20	褐色	0.68	重	中	906.00	5 109.00	721.95	17.01
25.10	3.20	7.30	4.26	褐色	2.00	重	抗	655.50	4 071.00	751.50	19.30
29.00	2.70	3.10	4.38	褐色	0.76	中	抗	906.00	5 124.00	681.00	16.59
27.80	2.40	3.60	4.32	褐色	2.20	重	中	595.50	3 292.50	453.00	16.10
33.20	3.00	6.10	4.22	褐色	1.02	中	中	765.60	4 405.50	512.10	15.13
33.90	3.20	7.90	4.26	褐色	2.30	中	抗	628.50	3 474.00	339.00	11.40
35.50	3.20	6.20	4.34	褐色	1.00	轻	抗	1 161.00	3 604.50	711.00	20.20
31.80	3.10	8.10	4.40	褐色	2.00	轻	中	744.00	4 546.50	619.50	16.70

序号	库编号	名称	引入时间	引进单位	原产地	类型	花色	生育日数（d）	株高（cm）
178	74151	6409-641	1974	黑龙江省农业科学院经济作物研究所	黑龙江呼兰	纤	蓝	66.00	60.40
179	74152	6410-667	1974	黑龙江省农业科学院经济作物研究所	黑龙江呼兰	纤	白	69.00	64.70
180	74153	6411-671	1974	黑龙江省农业科学院经济作物研究所	黑龙江呼兰	纤	蓝	67.00	56.90
181	74154	阿城黄白籽	1974	黑龙江省阿城亚麻厂	黑龙江阿城	纤	紫	68.50	78.80
182	74155	6411-669	1974	黑龙江省农业科学院经济作物研究所	黑龙江呼兰	纤	蓝	67.00	66.10
183	74157	6410-661	1974	黑龙江省农业科学院经济作物研究所	黑龙江呼兰	纤	白	74.00	57.30
184	74158	5138白	1974	黑龙江省农业科学院经济作物研究所	法国	纤	白	68.00	45.00
185	7502	无名2号	1975	中国科学技术情报研究所	法国	纤	白	64.50	80.60
186	7503	Taiga	1975	中国科学技术情报研究所	法国	纤	蓝	58.00	60.00
187	7504	无名1号（白）	1975	中国科学技术情报研究所	法国	纤	白	57.00	67.00
188	7601	无名3号	1976	中国科学技术情报研究所	英国	纤	蓝	74.20	54.00
189	7603	Milenivm（米列尼乌姆）	1976	赴波兰考察组	波兰	纤	白	66.50	88.20
190	7604	YSOLDA（依绍达）	1976	赴波兰考察组	波兰	纤	白	66.50	90.40
191	7605	爱尔兰	1976	赴波兰考察组	爱尔兰	纤	白	65.50	90.40
192	7606	彭特考瓦	1976	赴波兰考察组	波兰	纤	白	58.00	53.00
193	7608	Natasja（那塔斯加）	1976	赴波兰考察组	荷兰	纤	浅蓝	68.00	52.80
194	7609	Reina（雷纳）	1976	赴波兰考察组	荷兰	纤	蓝	63.70	77.70
195	7610	法国29粒	1976	中国科学技术情报研究所	法国	纤	蓝	66.70	93.50

（续表）

工艺长 （cm）	分枝数 （个）	蒴果数 （个）	千粒重 （g）	种皮色	抗倒伏性 （级）	白粉病 （级）	抗旱性 （级）	种子产量 （kg/hm²）	原茎产量 （kg/hm²）	全纤维产量 （kg/hm²）	全麻率 （%）
53.10	2.30	3.00	4.02	褐色	2.00	轻	抗	847.50	5 746.50	928.50	17.10
56.10	2.70	4.80	3.86	褐色	0.50	中	抗	979.50	3 610.50	718.50	23.10
46.00	3.00	5.80	3.90	褐色	2.00	轻	抗	670.50	6 249.00	1 143.00	20.60
66.40	3.20	6.20	3.90	褐色	1.00	中	抗	718.50	6 375.00	669.00	12.80
50.70	3.20	5.10	4.02	褐色	2.00	无	抗	511.50	5 661.00	1 009.50	20.30
49.40	2.50	3.10	3.86	褐色	1.00	无	抗	594.00	4 999.50	1 002.00	23.70
36.60	2.70	4.60	4.23	褐色	1.60	轻	中	1 203.15	5 581.50	610.80	13.68
64.50	3.80	7.30	3.90	褐色	1.25	轻	抗	937.50	7 375.50	927.00	15.90
45.40	2.70	6.60	3.82	褐色	0.00	轻	抗	459.00	4 626.00	780.00	19.10
45.70	3.00	5.20	4.12	褐色	0.00	中	抗	550.50	5 242.50	958.50	19.60
37.10	2.90	5.40	4.06	褐色	1.00	无	抗	804.75	7 719.00	1 146.00	18.80
75.00	3.30	5.50	3.95	褐色	1.25	重	抗	499.50	7 000.50	804.00	13.50
77.30	3.30	5.20	3.93	褐色	0.80	重	抗	469.50	7 188.00	661.50	10.70
76.60	3.70	6.90	4.23	褐色	1.40	重	中	469.50	7 375.50	867.00	14.70
44.60	3.00	7.00	4.00	褐色	0.00	轻	中	757.50	5 272.50	952.50	21.10
41.20	3.20	7.40	4.12	褐色	1.00	无	抗	850.50	5 898.00	1 146.00	22.30
61.90	4.00	8.00	4.10	褐色	0.40	重	中	1 405.50	6 750.00	940.50	17.00
78.70	3.60	5.50	4.20	褐色	0.80	轻	抗	813.00	7 626.00	816.00	13.20

序号	库编号	名称	引入时间	引进单位	原产地	类型	花色	生育日数（d）	株高（cm）
196	7611	勃系7301	1976	黑龙江省勃利亚麻厂	黑龙江勃利	纤	蓝	64.50	79.60
197	7701	荷引7701	1977	中国科学技术情报研究所	荷兰	纤	白	58.00	53.00
198	7703	瑞典8号	1977	黑龙江省农业科学院经济作物研究所	瑞典	纤	蓝	58.00	42.00
199	7706	瑞典3号	1977	黑龙江省农业科学院经济作物研究所	瑞典	纤	白	72.70	47.80
200	7707	瑞典4号	1977	黑龙江省农业科学院经济作物研究所	瑞典	纤	蓝	73.90	60.00
201	7709	7005-21-6-7	1977	黑龙江省农业科学院经济作物研究所	黑龙江呼兰	纤	蓝	67.2	95.8
202	7710	5009	1977	黑龙江省农业科学院经济作物研究所	黑龙江呼兰	纤	蓝	73.00	39.70
203	7711	6411-671-2	1977	黑龙江省农业科学院经济作物研究所	黑龙江呼兰	纤	蓝	65.00	82.50
204	7715	未永	1977	黑龙江省农业科学院经济作物研究所	黑龙江呼兰	纤	蓝	64.00	60.00
205	7718	日本1号	1977	黑龙江省农业科学院经济作物研究所	日本	纤	蓝	67.40	44.20
206	7719	日本2号	1977	黑龙江省农业科学院经济作物研究所	日本	纤	蓝	67.20	47.90
207	7742	оршаьскип-2（奥尔山斯基-2）	1977	中国科学技术情报研究所	苏联	纤	蓝	74.00	51.70
208	7801	瑞典5038	1978	黑龙江省农业科学院经济作物研究所	瑞典	纤	浅蓝	64.00	60.00
209	7802	瑞典5064	1978	黑龙江省农业科学院经济作物研究所	瑞典	纤	蓝	63.00	62.00
210	7803	7009/12/5	1978	黑龙江省农业科学院经济作物研究所	黑龙江呼兰	纤	蓝	67.00	77.00
211	7804	苏91	1978	黑龙江省农业科学院经济作物研究所	苏联	纤	深蓝	67.50	83.20

（续表）

工艺长（cm）	分枝数（个）	蒴果数（个）	千粒重（g）	种皮色	抗倒伏性（级）	白粉病（级）	抗旱性（级）	种子产量（kg/hm²）	原茎产量（kg/hm²）	全纤维产量（kg/hm²）	全麻率（%）
65.40	3.70	7.40	3.87	褐色	0.50	轻	抗	1 000.50	7 437.00	801.00	13.30
39.70	3.00	4.90	4.08	褐色	0.00	轻	中	985.50	4 626.00	922.50	22.50
29.80	3.10	8.70	4.00	褐色	0.00	轻	抗	1 117.50	4 014.00	771.00	20.60
38.80	2.60	4.10	4.23	褐色	0.00	中	抗	762.45	4 677.00	476.10	12.72
36.30	3.50	7.00	4.30	褐色	0.82	轻	中	656.25	6 531.00	831.30	15.96
82.3	3.6	6	3.96	褐色	1.00	无	抗	723.30	4 705.60	831.20	22.10
31.50	3.50	6.30	4.02	褐色	1.10	重	抗	1 023.00	4 758.00	957.00	23.20
67.70	3.70	7.80	3.87	褐色	1.00	中	抗	576.00	4 227.00	772.50	21.10
43.00	3.60	10.00	4.13	褐色	0.88	无	中	672.00	4 921.50	781.50	18.30
34.40	2.60	4.30	4.03	褐色	0.88	中	抗	549.00	3 924.00	819.00	23.80
37.50	2.90	5.20	3.96	褐色	0.88	中	中	696.00	5 757.00	1 162.50	23.40
42.10	2.50	4.50	3.92	褐色	0.69	中	抗	508.50	3 939.00	913.50	26.40
44.40	2.90	4.90	4.20	褐色	0.88	无	抗	571.50	6 726.00	1 264.50	21.70
34.50	2.90	4.40	4.10	褐色	2.00	轻	抗	231.00	4 788.00	799.50	19.20
45.40	2.80	5.50	3.95	褐色	2.20	无	抗	556.50	6 181.50	1 216.50	20.30
67.90	3.70	6.80	4.03	褐色	1.00	中	抗	1 000.50	4 830.00	1 753.50	20.50

序号	库编号	名称	引入时间	引进单位	原产地	类型	花色	生育日数（d）	株高（cm）
212	7805	6506-305	1978	黑龙江省农业科学院经济作物研究所	黑龙江呼兰	纤	蓝	66.50	85.70
213	7901	л-28（乐-28）	1979	黑龙江省科学院大庆分院亚麻综合利用研究所	苏联	纤	蓝	68.00	89.20
214	7902	л-57（乐-57）	1979	黑龙江省科学院大庆分院亚麻综合利用研究所	苏联	纤	蓝	67.20	88.40
215	7904	6402-569	1979	黑龙江省农业科学院经济作物研究所	黑龙江呼兰	纤	深蓝	66.70	87.10
216	7905	6402-582	1979	黑龙江省农业科学院经济作物研究所	黑龙江呼兰	纤	蓝	66.20	93.70
217	7906	6303-740	1979	黑龙江省农业科学院经济作物研究所	黑龙江呼兰	纤	蓝	65.20	90.50
218	7907	7436-178	1979	黑龙江省科学院大庆分院亚麻综合利用研究所	黑龙江双城	纤	深蓝	68.00	88.30
219	7908	7313-152	1979	黑龙江省科学院大庆分院亚麻综合利用研究所	黑龙江双城	纤	蓝	67.70	89.90
220	7909	7005-107	1979	黑龙江省科学院大庆分院亚麻综合利用研究所	黑龙江双城	纤	蓝	64.50	77.00
221	7910	7001-422	1979	黑龙江省科学院大庆分院亚麻综合利用研究所	黑龙江双城	纤	蓝	67.70	89.40
222	7912	7215-82	1979	黑龙江省科学院大庆分院亚麻综合利用研究所	黑龙江双城	纤	蓝	66.70	92.90
223	7913	7003-181	1979	黑龙江省科学院大庆分院亚麻综合利用研究所	黑龙江双城	纤	蓝	66.20	86.40
224	7914	7213-40	1979	黑龙江省科学院大庆分院亚麻综合利用研究所	黑龙江双城	纤	蓝	66.70	93.90
225	7915	无23	1979	黑龙江省农业科学院经济作物研究所	黑龙江呼兰	纤	蓝	66.20	88.00
226	7916	7007-1222	1979	黑龙江省科学院大庆分院亚麻综合利用研究所	黑龙江双城	纤	蓝	67.00	70.00
227	7917	7008-71	1979	黑龙江省科学院大庆分院亚麻综合利用研究所	黑龙江双城	纤	蓝	65.00	73.00

（续表）

工艺长（cm）	分枝数（个）	蒴果数（个）	千粒重（g）	种皮色	抗倒伏性（级）	白粉病（级）	抗旱性（级）	种子产量（kg/hm²）	原茎产量（kg/hm²）	全纤维产量（kg/hm²）	全麻率（%）
71.50	3.70	6.50	4.00	褐色	1.30	中	抗	750.00	5 271.00	951.00	21.80
73.80	3.60	5.90	4.04	褐色	1.10	无	抗	750.00	5 670.00	1 033.50	20.10
73.10	3.50	6.70	4.15	褐色	1.60	轻	中	655.50	4 681.50	1 003.50	21.54
70.70	3.40	7.50	4.23	褐色	1.25	中	抗	843.00	5 437.50	913.50	19.30
77.80	3.30	5.90	4.20	褐色	2.00	无	抗	750.00	5 346.00	934.50	19.20
77.00	3.50	5.50	4.08	褐色	1.90	无	抗	625.50	4 150.50	706.50	20.10
73.30	3.60	6.10	3.69	褐色	1.40	无	中	813.00	5 302.50	1 026.00	20.20
77.20	3.20	5.10	3.97	褐色	0.50	无	中	843.00	7 135.50	1 210.50	19.40
61.60	3.60	4.90	3.90	褐色	2.10	中	抗	906.00	5 014.50	978.00	21.10
73.50	3.40	6.60	4.02	褐色	1.00	无	抗	750.00	8 688.00	901.50	12.80
80.30	3.50	5.70	4.00	褐色	1.00	无	抗	625.50	7 750.50	862.50	13.10
73.40	3.00	4.90	3.98	褐色	1.60	轻	抗	594.00	7 626.00	975.00	15.60
82.00	3.00	4.70	3.90	褐色	0.10	轻	抗	594.00	8 001.00	913.50	13.60
73.50	3.30	5.50	4.12	褐色	0.10	无	抗	906.00	8 313.00	826.50	11.70
44.90	2.60	5.50	4.08	褐色	2.10	无	抗	555.00	6 409.50	1 462.50	26.20
39.70	2.70	5.50	4.00	褐色	0.50	重	抗	706.50	5 196.00	901.50	20.30

序号	库编号	名称	引入时间	引进单位	原产地	类型	花色	生育日数（d）	株高（cm）
228	7920	71-47	1979	黑龙江省科学院大庆分院亚麻综合利用研究所	黑龙江双城	纤	蓝	68.00	92.30
229	8001	79-28	1980	黑龙江省科学院大庆分院亚麻综合利用研究所	黑龙江双城	纤	蓝	68.20	93.50
230	8002	79-913	1980	黑龙江省科学院大庆分院亚麻综合利用研究所	黑龙江双城	纤	蓝	67.20	91.20
231	8003	79-935	1980	黑龙江省科学院大庆分院亚麻综合利用研究所	黑龙江双城	纤	白	65.00	88.80
232	8004	79-959	1980	黑龙江省科学院大庆分院亚麻综合利用研究所	黑龙江双城	纤	白	73.50	48.30
233	8005	79-961	1980	黑龙江省科学院大庆分院亚麻综合利用研究所	黑龙江双城	纤	蓝	67.20	90.50
234	8006	79-966	1980	黑龙江省科学院大庆分院亚麻综合利用研究所	黑龙江双城	纤	白	68.50	95.20
235	8008	7409-42	1980	黑龙江省科学院大庆分院亚麻综合利用研究所	黑龙江双城	纤	白	66.50	87.90
236	8009	7304-123	1980	黑龙江省科学院大庆分院亚麻综合利用研究所	黑龙江双城	纤	蓝	67.00	72.00
237	8010	7304-127	1980	黑龙江省科学院大庆分院亚麻综合利用研究所	黑龙江双城	纤	蓝	65.00	79.00
238	8011	7213-42	1980	黑龙江省科学院大庆分院亚麻综合利用研究所	黑龙江双城	纤	浅蓝	68.00	67.50
239	8015	Datcha（达特查）	1980	中国农业科学院作物品种资源研究所	法国	纤	紫	65.50	80.70
240	8016	Rocket4（罗克特4）	1980	中国农业科学院作物品种资源研究所	法国	纤	浅蓝	67.00	47.20
241	8017	Lisa（利萨）	1980	中国农业科学院作物品种资源研究所	法国	纤	浅蓝	64.70	73.90
242	8018	Taiga（泰加）	1980	中国农业科学院作物品种资源研究所	法国	纤	蓝	67.70	65.30
243	80118	罗引1号	1980	黑龙江省纺织工业厅	罗马尼亚	纤	白	72.00	49.70

（续表）

工艺长 （cm）	分枝数 （个）	蒴果数 （个）	千粒重 （g）	种皮色	抗倒 伏性 （级）	白粉 病 （级）	抗旱 性 （级）	种子产量 （kg/hm²）	原茎产量 （kg/hm²）	全纤维 产量 （kg/hm²）	全麻率 （%）
79.10	3.00	4.90	4.05	褐色	1.10	中	中	531.00	7 375.50	747.00	12.20
79.70	3.20	5.20	3.87	褐色	0.80	轻	抗	625.50	7 626.00	798.00	11.90
74.60	3.40	6.20	3.98	褐色	1.50	无	抗	594.00	7 750.50	909.00	13.80
76.90	2.80	4.40	3.90	褐色	1.00	无	抗	520.50	6 876.00	660.00	11.30
34.70	2.00	4.50	4.01	褐色	2.00	中	抗	582.00	6 156.00	740.70	15.04
79.20	3.20	4.70	4.12	褐色	1.60	无	抗	531.00	7 375.50	966.00	14.90
83.70	3.40	5.40	3.87	褐色	0.90	无	抗	438.00	7 938.00	859.50	13.10
77.30	2.60	3.50	3.90	褐色	0.00	中	抗	937.50	8 250.00	1 089.00	16.10
43.70	2.70	4.50	4.06	褐色	0.00	轻	抗	807.00	2 817.00	592.50	24.20
26.00	2.90	5.20	4.03	褐色	3.00	中	抗	532.50	6 091.50	1 261.50	23.50
55.20	2.70	4.50	4.15	褐色	2.50	无	抗	447.00	4 150.50	919.50	25.70
67.50	3.70	6.30	4.10	褐色	0.00	无	抗	1 030.50	7 375.50	1 009.50	16.50
36.80	3.20	7.00	3.92	褐色	0.60	无	抗	459.00	7 116.00	1 206.00	18.60
60.30	3.40	5.40	4.60	褐色	0.00	无	抗	1 344.00	6 813.00	712.50	13.40
55.00	2.60	3.90	3.70	褐色	0.00	中	中	734.40	5 214.00	890.70	22.65
41.20	2.80	5.10	3.60	褐色	1.80	中	抗	489.00	3 757.50	898.50	26.40

序号	库编号	名称	引入时间	引进单位	原产地	类型	花色	生育日数（d）	株高（cm）
244	8109	Emerande（埃默劳德）	1981	黑龙江省农业科学院经济作物研究所	法国	纤	白	59.00	58.00
245	8110	7005-6（黑亚四号）	1981	黑龙江省农业科学院经济作物研究所	黑龙江呼兰	纤	蓝	68.70	89.00
246	8112	DAN	1981	中华人民共和国纺织部	法国	纤	深蓝	63.00	66.00
247	8114	Constant	1981	中华人民共和国纺织部	法国	纤	白	59.00	65.20
248	8115	ARIANE（阿里安）	1981	中华人民共和国纺织部	法国	纤	蓝	68.00	68.40
249	8116	ARMAND	1981	中华人民共和国纺织部	法国	纤	白	60.00	61.70
250	8201	MIRA（马来）	1982	法国	法国	纤	白	67.70	81.10
251	8202	BELINKA（贝林卡）	1982	法国	荷兰	纤	白	66.00	63.00
252	8203	REGINA（瑞吉娜）	1982	法国	荷兰	纤	白	61.00	61.20
253	8204	法国无名	1982	法国	法国	纤	深蓝	59.00	64.50
254	8205	7621-26-1-1（123-1）	1982	黑龙江省科学院大庆分院亚麻综合利用研究所	黑龙江双城	纤	白	75.00	57.50
255	8206	7621-6-3-1（123-2）	1982	黑龙江省科学院大庆分院亚麻综合利用研究所	黑龙江双城	纤	蓝	75.20	66.00
256	8207	Oct-41（123-3）	1982	黑龙江省科学院大庆分院亚麻综合利用研究所	黑龙江双城	纤	蓝	68.33	80.40
257	8208	7106-3-6-4（123-4）	1982	黑龙江省科学院大庆分院亚麻综合利用研究所	黑龙江双城	纤	蓝	68.33	83.00
258	8209	TgteD	1982	法国	法国	纤	蓝	67.67	76.90
259	8210	ER1	1982	北京市对外贸易促进会交流中心	法国	纤	蓝	67.33	85.80
260	8211	FR2	1982	北京市对外贸易促进会交流中心	法国	纤	蓝	66.00	66.30
261	8212	TYRZA	1982	北京市对外贸易促进会交流中心	法国	纤	蓝	68.67	62.80
262	8213	TYRZB	1982	北京市对外贸易促进会交流中心	法国	纤	白	67.67	75.80

（续表）

工艺长 （cm）	分枝数 （个）	蒴果数 （个）	千粒重 （g）	种皮色	抗倒伏性 （级）	白粉病 （级）	抗旱性 （级）	种子产量 （kg/hm²）	原茎产量 （kg/hm²）	全纤维产量 （kg/hm²）	全麻率 （%）
36.50	2.50	4.00	3.80	褐色	0.72	中	抗	460.95	4 561.50	574.95	15.13
75.50	3.10	5.00	4.60	褐色	0.50	无	抗	718.50	7 188.00	834.00	13.50
51.90	2.00	3.60	3.90	褐色	1.00	中	抗	650.25	3 549.00	699.90	11.98
74.50	2.70	4.70	4.20	褐色	0.00	重	抗	150.00	1 467.00	158.25	6.62
50.20	2.40	5.30	3.70	褐色	0.00	中	抗	800.25	4 516.50	1 391.70	19.06
47.00	2.60	5.30	3.50	褐色	1.00	中	抗	683.25	2 199.00	262.50	12.18
68.00	3.30	5.40	4.10	褐色	0.50	中	抗	843.00	7 000.50	787.50	13.40
43.50	2.80	5.70	4.30	褐色	0.30	轻	抗	874.50	6 060.00	1 441.50	27.40
43.40	2.80	5.50	3.60	褐色	1.00	重	抗	399.75	2 667.00	283.35	17.29
48.60	2.90	5.90	4.00	褐色	1.60	中	抗	466.50	2 149.50	249.90	12.88
45.40	2.90	6.80	4.10	褐色	0.00	轻	抗	225.00	1 765.50	180.90	11.80
55.70	2.60	4.40	3.50	褐色	0.00	无	抗	671.85	7 053.00	1 004.40	13.80
76.10	3.20	4.00	4.20	褐色	0.00	无	中	1 206.00	6 273.00	1 323.00	25.10
69.60	3.60	4.40	4.50	褐色	0.00	无	中	1 254.00	5 517.00	1 087.50	25.20
62.70	4.40	5.70	4.30	褐色	0.00	轻	抗	1 611.00	5 367.00	1 251.00	27.70
76.30	2.40	2.20	4.40	褐色	0.00	轻	抗	1 113.00	6 028.50	1 324.50	27.50
52.00	4.10	5.30	4.40	褐色	0.00	无	中	1 437.00	5 208.00	1 107.00	24.70
44.80	3.70	4.00	5.10	褐色	0.00	轻	抗	1 893.00	5 677.50	1 266.00	26.60
59.00	4.50	5.70	4.70	褐色	0.33	轻	抗	1 410.00	5 122.50	1 138.50	26.20

序号	库编号	名称	引入时间	引进单位	原产地	类型	花色	生育日数（d）	株高（cm）
263	8601	1886	1986	中国农业科学院作物品种资源研究所	美国	油纤	蓝	63.00	63.20
264	8602	190	1986	中国农业科学院作物品种资源研究所	美国	油纤	深蓝	66.67	64.30
265	8603	2033	1986	中国农业科学院作物品种资源研究所	美国	油纤	蓝	65.00	71.00
266	8604	2230	1986	中国农业科学院作物品种资源研究所	美国	纤	蓝	63.00	63.40
267	8608	3047	1986	中国农业科学院作物品种资源研究所	美国	纤	蓝	66.67	64.40
268	8609	3048	1986	中国农业科学院作物品种资源研究所	美国	纤	蓝	63.33	74.20
269	8610	3109	1986	中国农业科学院作物品种资源研究所	美国	纤	白	63.33	69.70
270	8612	3117	1986	中国农业科学院作物品种资源研究所	美国	纤	蓝	67.67	77.40
271	8613	3121	1986	中国农业科学院作物品种资源研究所	美国	油纤	蓝	62.67	61.40
272	8614	3122	1986	中国农业科学院作物品种资源研究所	美国	纤	蓝	68.67	72.20
273	8615	24792	1986	中国农业科学院作物品种资源研究所	西德	纤	白	70.00	86.60
274	8616	24793	1986	中国农业科学院作物品种资源研究所	西德	油纤	蓝	68.00	58.80
275	8617	24794	1986	中国农业科学院作物品种资源研究所	西德	纤	白	63.67	65.50
276	8618	24828	1986	中国农业科学院作物品种资源研究所	西德	纤	蓝	70.00	71.10
277	8619	24830	1986	中国农业科学院作物品种资源研究所	西德	油纤	蓝	63.33	62.50
278	8621	FANY（范妮）	1986	中国农业科学院作物品种资源研究所	法国	纤	蓝	66.67	70.80

（续表）

工艺长（cm）	分枝数（个）	蒴果数（个）	千粒重（g）	种皮色	抗倒伏性（级）	白粉病（级）	抗旱性（级）	种子产量（kg/hm²）	原茎产量（kg/hm²）	全纤维产量（kg/hm²）	全麻率（%）
47.40	3.20	4.40	4.10	褐色	0.00	无	抗	1 345.50	4 083.00	993.00	15.60
45.10	4.40	8.60	4.50	褐色	0.00	无	抗	1 536.00	4 105.50	939.00	16.90
56.70	4.00	7.00	3.80	褐色	0.17	轻	中	1 653.00	5 017.50	1 066.50	15.10
46.30	3.60	4.40	3.80	褐色	0.00	轻	中	1 569.00	4 689.00	1 150.50	27.90
53.80	2.30	2.50	4.60	褐色	0.67	轻	中	1 462.50	4 923.00	1 249.50	29.60
62.50	4.10	4.80	4.90	褐色	0.00	轻	抗	1 401.00	5 301.00	1 273.50	30.00
56.00	3.60	4.60	4.90	褐色	0.00	轻	抗	1 396.50	4 539.00	1 111.50	27.50
59.90	3.60	4.70	4.40	褐色	0.30	轻	抗	1 884.00	5 661.00	1 050.00	26.50
50.70	2.60	3.90	4.20	褐色	0.00	轻	抗	1 468.50	4 206.00	894.00	25.40
60.90	3.00	4.00	3.20	褐色	0.00	轻	抗	1 269.00	4 888.50	1 168.50	27.90
75.30	4.40	4.90	4.50	褐色	0.00	轻	抗	1 333.50	5 239.50	1 072.50	24.20
47.50	3.40	4.00	4.50	褐色	0.00	轻	抗	1 482.00	4 212.00	819.00	25.10
52.80	4.10	5.20	5.20	褐色	0.00	轻	抗	1 408.50	4 588.50	939.00	23.60
51.90	4.80	11.80	3.60	褐色	1.75	中	抗	1 396.50	5 578.50	834.00	20.40
50.00	4.10	5.30	4.80	褐色	0.25	中	抗	1 356.00	4 356.00	886.50	23.40
55.50	3.80	5.00	5.30	褐色	0.33	轻	抗	1 362.00	4 861.50	1 134.00	26.10

序号	库编号	名称	引入时间	引进单位	原产地	类型	花色	生育日数（d）	株高（cm）
279	8622	Silva（西尔瓦）	1986	中国农业科学院作物品种资源研究所	法国	纤	蓝	68.33	75.20
280	8623	爱思帝乐	1986	中国农业科学院作物品种资源研究所	比利时	纤	白	69.00	70.00
281	8624	Mar-86	1986	黑龙江省农业科学院经济作物研究所	黑龙江呼兰	纤	蓝	68.33	85.10
282	8626	Oct-86	1986	黑龙江省农业科学院经济作物研究所	黑龙江呼兰	纤	蓝	69.33	80.60
283	8627	7649-10-1-15	1986	黑龙江省农业科学院经济作物研究所	黑龙江呼兰	纤	蓝	67.67	68.40
284	8628	2068（双亚1号）	1986	黑龙江省科学院大庆分院亚麻综合利用研究所	黑龙江双城	纤	蓝	67.00	70.10
285	8629	7005-71	1986	黑龙江省科学院大庆分院亚麻综合利用研究所	黑龙江双城	纤	蓝	67.67	72.20
286	8630	7410-79	1986	黑龙江省科学院大庆分院亚麻综合利用研究所	黑龙江双城	纤	蓝	69.67	98.60
287	8631	78-99	1986	黑龙江省科学院大庆分院亚麻综合利用研究所	黑龙江双城	纤	白	68.67	78.30
288	8632	79-861	1986	黑龙江省科学院大庆分院亚麻综合利用研究所	黑龙江双城	纤	蓝	70.33	83.10
289	8633	80-1071	1986	黑龙江省科学院大庆分院亚麻综合利用研究所	黑龙江双城	纤	蓝	67.33	91.20
290	8634	80-1072	1986	黑龙江省科学院大庆分院亚麻综合利用研究所	黑龙江双城	纤	蓝	66.67	81.10
291	8635	80-1075	1986	黑龙江省科学院大庆分院亚麻综合利用研究所	黑龙江双城	纤	蓝	66.33	87.00
292	8637	80-1111	1986	黑龙江省科学院大庆分院亚麻综合利用研究所	黑龙江双城	纤	蓝	68.33	81.80
293	8638	81-1063	1986	黑龙江省科学院大庆分院亚麻综合利用研究所	黑龙江双城	纤	白	68.33	82.20
294	8639	81-1069	1986	黑龙江省科学院大庆分院亚麻综合利用研究所	黑龙江双城	纤	蓝	68.67	89.30

（续表）

工艺长 （cm）	分枝数 （个）	蒴果数 （个）	千粒重 （g）	种皮色	抗倒伏性 （级）	白粉病 （级）	抗旱性 （级）	种子产量 （kg/hm²）	原茎产量 （kg/hm²）	全纤维产量 （kg/hm²）	全麻率 （%）
65.10	2.40	2.50	3.90	褐色	0.00	中	中	1 168.50	6 072.00	1 327.50	25.50
52.30	3.70	4.80	4.30	褐色	0.94	中	中	1 402.50	5 161.50	867.00	22.20
73.80	3.20	3.40	4.30	褐色	0.00	轻	抗	1 407.00	5 866.50	979.50	20.80
72.50	2.40	2.30	4.10	褐色	0.00	轻	抗	1 038.00	6 732.00	1 431.00	25.60
56.10	3.50	4.60	3.80	褐色	0.94	无	抗	1 443.00	5 407.50	1 129.50	24.50
55.30	3.60	5.40	4.00	褐色	0.94	无	抗	1 468.50	4 711.50	957.00	23.30
62.20	3.00	3.20	4.00	褐色	0.00	无	抗	1 456.50	5 478.00	1 029.00	21.60
85.30	3.90	4.40	4.20	褐色	0.00	无	抗	1 228.50	6 417.00	1 077.00	19.60
65.70	3.90	4.50	4.60	褐色	0.00	无	抗	1 069.50	5 728.50	1 050.00	21.90
75.00	2.70	2.60	4.40	褐色	0.00	无	抗	936.00	6 211.50	1 216.50	21.80
78.00	3.70	5.50	4.20	褐色	1.00	无	抗	1 131.00	5 977.50	1 159.50	24.40
72.10	2.80	3.20	4.30	褐色	1.64	无	抗	1 234.50	5 905.50	1 158.00	22.10
74.30	4.60	4.60	4.60	褐色	0.00	无	抗	1 200.00	5 539.50	1 110.00	23.00
69.10	3.00	4.20	4.80	褐色	0.94	无	抗	1 210.50	5 544.00	1 174.50	24.20
69.70	3.40	4.50	4.10	褐色	0.24	无	中	1 180.50	5 761.50	1 134.00	23.20
75.00	3.90	4.50	4.40	褐色	0.00	无	中	982.50	5 562.00	1 207.50	25.60

序号	库编号	名称	引入时间	引进单位	原产地	类型	花色	生育日数（d）	株高（cm）
295	8640	81-1077	1986	黑龙江省科学院大庆分院亚麻综合利用研究所	黑龙江双城	纤	蓝	68.67	83.20
296	8641	81-1126	1986	黑龙江省科学院大庆分院亚麻综合利用研究所	黑龙江双城	纤	蓝	68.00	88.00
297	8642	81-1131	1986	黑龙江省科学院大庆分院亚麻综合利用研究所	黑龙江双城	纤	蓝	68.33	87.50
298	8643	81-1152	1986	黑龙江省科学院大庆分院亚麻综合利用研究所	黑龙江双城	纤	蓝	68.33	85.30
299	8644	81-1674	1986	黑龙江省科学院大庆分院亚麻综合利用研究所	黑龙江双城	纤	蓝	69.67	90.40
300	8645	81-1724	1986	黑龙江省科学院大庆分院亚麻综合利用研究所	黑龙江双城	纤	白	69.33	97.20
301	8646	82-1122	1986	黑龙江省科学院大庆分院亚麻综合利用研究所	黑龙江双城	纤	蓝	69.33	87.60
302	8647	82-1148	1986	黑龙江省科学院大庆分院亚麻综合利用研究所	黑龙江双城	纤	白	69.33	91.80
303	8648	82-1234	1986	黑龙江省科学院大庆分院亚麻综合利用研究所	黑龙江双城	纤	蓝	65.33	93.20
304	8650	82-2608	1986	黑龙江省科学院大庆分院亚麻综合利用研究所	黑龙江双城	纤	蓝	65.33	81.20
305	8653	83-1837	1986	黑龙江省科学院大庆分院亚麻综合利用研究所	黑龙江双城	纤	蓝	68.67	81.10
306	8656	83-1938	1986	黑龙江省科学院大庆分院亚麻综合利用研究所	黑龙江双城	纤	白	68.67	83.10
307	8657	83-2834	1986	黑龙江省科学院大庆分院亚麻综合利用研究所	黑龙江双城	纤	白	69.67	88.30
308	8658	1299	1986	黑龙江省科学院大庆分院亚麻综合利用研究所	黑龙江双城	纤	白	70.33	98.00
309	8659	1943	1986	黑龙江省科学院大庆分院亚麻综合利用研究所	黑龙江双城	纤	蓝	67.33	95.40
310	8660	107	1986	黑龙江省科学院大庆分院亚麻综合利用研究所	黑龙江双城	纤	蓝	66.00	74.60

（续表）

工艺长（cm）	分枝数（个）	蒴果数（个）	千粒重（g）	种皮色	抗倒伏性（级）	白粉病（级）	抗旱性（级）	种子产量（kg/hm²）	原茎产量（kg/hm²）	全纤维产量（kg/hm²）	全麻率（%）
71.10	3.80	4.10	5.20	褐色	1.80	无	抗	1 231.50	6 201.00	1 240.50	26.50
75.20	3.80	4.10	4.60	褐色	0.70	无	中	1 125.00	6 016.50	1 261.50	24.20
74.80	2.70	3.20	4.10	褐色	0.60	轻	中	1 057.50	5 934.00	1 162.50	23.00
65.90	3.90	5.60	4.40	褐色	1.00	轻	抗	1 204.50	6 061.50	1 381.50	27.30
78.10	3.60	5.10	4.10	褐色	1.00	轻	中	1 116.00	6 084.00	1 345.50	25.80
82.40	4.60	6.90	4.50	褐色	0.00	轻	抗	1 062.00	6 156.00	1 248.00	23.70
76.70	3.70	4.20	4.70	褐色	1.00	无	抗	1 324.50	6 573.00	1 359.00	24.50
78.90	3.90	4.40	4.10	褐色	1.94	无	抗	1 048.50	5 656.50	1 186.50	24.40
79.40	4.20	5.10	4.20	褐色	0.94	无	抗	1 161.00	5 617.50	1 347.00	30.70
70.70	3.30	3.40	4.40	褐色	0.00	无	抗	1 203.00	5 461.50	1 324.50	27.70
70.80	3.10	4.30	4.50	褐色	0.85	无	抗	1 125.00	5 911.50	1 294.50	26.40
73.30	3.40	3.40	4.20	褐色	1.50	无	抗	1 096.50	6 135.00	1 431.00	29.60
82.20	2.50	2.40	4.00	褐色	1.60	无	抗	1 009.50	6 150.00	1 333.50	25.10
84.80	3.30	6.10	4.70	褐色	1.48	无	抗	1 131.00	6 361.50	1 138.50	25.30
82.20	3.70	5.80	4.60	褐色	1.50	无	抗	1 120.50	6 394.50	1 434.00	26.90
65.60	7.90	4.10	4.20	褐色	1.24	无	抗	1 401.00	4 744.50	1 075.50	27.00

序号	库编号	名称	引入时间	引进单位	原产地	类型	花色	生育日数（d）	株高（cm）
311	8661	898	1986	黑龙江省科学院大庆分院亚麻综合利用研究所	黑龙江双城	纤	蓝	66.67	77.90
312	8662	944	1986	黑龙江省科学院大庆分院亚麻综合利用研究所	黑龙江双城	纤	白	69.67	84.20
313	8663	529	1986	黑龙江省科学院大庆分院亚麻综合利用研究所	黑龙江双城	纤	蓝	68.00	82.40
314	8664	908	1986	黑龙江省科学院大庆分院亚麻综合利用研究所	黑龙江双城	纤	蓝	69.33	81.60
315	8665	536	1986	黑龙江省科学院大庆分院亚麻综合利用研究所	黑龙江双城	纤	蓝	68.67	82.50
316	8666	864	1986	黑龙江省科学院大庆分院亚麻综合利用研究所	黑龙江双城	纤	蓝	68.00	85.80
317	8668	1226	1986	黑龙江省科学院大庆分院亚麻综合利用研究所	黑龙江双城	纤	蓝	67.00	82.90
318	8669	1271	1986	黑龙江省科学院大庆分院亚麻综合利用研究所	黑龙江双城	纤	蓝	69.00	81.30
319	8670	1293	1986	黑龙江省科学院大庆分院亚麻综合利用研究所	黑龙江双城	纤	蓝	68.67	80.50
320	8671	249	1986	黑龙江省科学院大庆分院亚麻综合利用研究所	黑龙江双城	纤	蓝	68.33	86.80
321	8672	136	1986	黑龙江省科学院大庆分院亚麻综合利用研究所	黑龙江双城	纤	蓝	68.00	82.10
322	8673	78-48	1986	黑龙江省科学院大庆分院亚麻综合利用研究所	黑龙江双城	纤	蓝	69.00	85.20
323	8675	78-97	1986	黑龙江省科学院大庆分院亚麻综合利用研究所	黑龙江双城	纤	白	70.00	89.00
324	8676	7718/2/1	1986	黑龙江省科学院大庆分院亚麻综合利用研究所	黑龙江双城	纤	蓝	67.00	83.00
325	8677	7302-702	1986	黑龙江省科学院大庆分院亚麻综合利用研究所	黑龙江双城	纤	蓝	65.67	71.50
326	8678	7407-40	1986	黑龙江省科学院大庆分院亚麻综合利用研究所	黑龙江双城	纤	蓝	69.00	81.40

（续表）

工艺长 （cm）	分枝数 （个）	蒴果数 （个）	千粒重 （g）	种皮 色	抗倒 伏性 （级）	白粉 病 （级）	抗旱 性 （级）	种子产量 （kg/hm²）	原茎产量 （kg/hm²）	全纤维 产量 （kg/hm²）	全麻率 （%）
66.30	3.10	3.80	3.90	褐色	1.01	无	抗	1 213.50	5 938.50	1 371.00	26.80
71.10	3.80	5.70	4.50	褐色	1.25	无	抗	1 329.00	6 805.50	1 170.00	21.20
73.60	3.00	2.70	4.20	褐色	0.00	无	中	1 020.00	6 033.00	1 078.50	21.60
74.20	3.10	2.90	5.10	褐色	1.00	无	抗	1 158.00	6 688.50	1 285.50	19.70
71.50	3.30	4.40	4.70	褐色	0.50	无	抗	1 282.50	6 700.50	1 683.00	29.10
74.00	3.40	4.80	4.80	褐色	0.00	无	抗	1 335.00	6 178.50	1 468.50	26.80
73.00	3.30	3.60	4.10	褐色	2.00	无	抗	1 353.00	6 316.50	1 444.50	26.20
66.00	3.80	5.60	4.70	褐色	2.00	无	抗	1 572.00	6 201.00	1 605.00	33.10
71.90	2.10	2.60	4.50	褐色	1.10	无	抗	1 284.00	6 691.50	1 453.50	25.20
77.30	2.40	3.30	4.70	褐色	3.00	无	抗	1 360.50	6 267.00	1 389.00	25.60
67.50	3.60	5.50	4.60	褐色	1.00	无	抗	1 414.50	5 634.00	1 149.00	23.60
71.30	4.10	4.80	4.70	褐色	2.00	无	中	1 336.50	5 755.50	1 359.00	27.60
80.10	2.90	3.00	5.30	褐色	1.20	无	中	1 198.50	6 783.00	1 302.00	22.40
73.70	2.90	3.00	5.60	褐色	1.12	无	中	1 258.50	6 351.00	1 029.00	24.80
61.80	2.60	3.10	4.80	褐色	2.10	无	中	1 294.50	5 638.50	1 387.50	28.60
71.80	2.80	3.20	4.90	褐色	2.70	无	中	1 288.50	6 367.50	1 276.50	23.40

序号	库编号	名称	引入时间	引进单位	原产地	类型	花色	生育日数（d）	株高（cm）
327	8679	7115-6-13（黑亚5号）	1986	黑龙江省农业科学院经济作物研究所	黑龙江呼兰	纤	蓝	66.67	76.80
328	8680	7607-9-1（黑亚6号）	1986	黑龙江省农业科学院经济作物研究所	黑龙江呼兰	纤	蓝	68.33	78.40
329	8681	1890	1986	黑龙江省农业科学院经济作物研究所	美国	纤	白	68.00	74.00
330	8682	2233	1986	黑龙江省农业科学院经济作物研究所	美国	油纤	蓝	68.67	57.70
331	8683	2246	1986	黑龙江省农业科学院经济作物研究所	美国	油纤	蓝	68.67	57.30
332	8684	2377	1986	黑龙江省农业科学院经济作物研究所	美国	油	白	67.33	46.50
333	8685	2884	1986	黑龙江省农业科学院经济作物研究所	美国	油纤	深蓝	65.00	45.80
334	8686	2606兰	1986	黑龙江省农业科学院经济作物研究所	美国	油	深蓝	60.67	49.40
335	8687	24754	1986	黑龙江省农业科学院经济作物研究所	西德	油纤	蓝	65.00	67.60
336	8688	24757	1986	黑龙江省农业科学院经济作物研究所	西德	油	蓝	68.33	54.70
337	8701	BELIKA（贝林卡）	1987	比利时考察组	比利时	纤	白	68.00	73.90
338	8702	NATASJA（那达斯加）	1987	比利时考察组	比利时	纤	蓝	69.67	77.10
339	8703	REGINA（烈日娜）	1987	比利时考察组	比利时	纤	白	66.33	70.10
340	8704	比引2号	1987	比利时考察组	比利时	纤	白	68.33	75.10
341	8705	比引3号	1987	比利时考察组	比利时	纤	蓝	66.67	80.80
342	8706	比引4号	1987	比利时考察组	比利时	纤	蓝	66.33	66.10
343	8707	比引5号	1987	比利时考察组	比利时	纤	白	67.33	76.30
344	8708	比引6号	1987	比利时考察组	比利时	纤	白	67.00	74.50
345	8709	比引7号	1987	比利时考察组	比利时	纤	白	66.00	71.10

（续表）

工艺长 （cm）	分枝数 （个）	蒴果数 （个）	千粒重 （g）	种皮色	抗倒伏性 （级）	白粉病 （级）	抗旱性 （级）	种子产量 （kg/hm²）	原茎产量 （kg/hm²）	全纤维产量 （kg/hm²）	全麻率 （%）
64.60	3.30	5.10	3.40	褐色	2.70	无	中	1 435.50	5 722.50	1 350.00	27.10
69.30	2.50	2.60	4.90	褐色	0.75	无	中	1 245.00	6 088.50	1 521.00	30.00
68.00	2.50	2.80	4.20	褐色	1.24	轻	中	1 413.00	5 895.00	1 267.50	25.80
42.00	3.60	6.20	4.70	褐色	2.00	轻	中	1 633.50	4 300.50	1 078.50	29.10
38.60	3.90	9.10	5.80	褐色	3.00	轻	中	2 149.50	4 927.50	1 230.00	29.70
31.90	3.70	6.80	6.30	褐色	1.00	轻	抗	1 987.50	3 211.50	834.00	10.20
33.10	4.10	5.10	4.80	褐色	1.00	轻	抗	1 936.50	3 597.00	837.00	27.10
38.00	3.20	4.60	4.80	褐色	0.00	中	抗	1 777.50	3 084.00	853.50	11.70
56.60	3.20	5.30	4.30	褐色	0.00	轻	抗	1 747.50	4 473.00	927.00	23.90
43.10	3.90	7.40	4.40	褐色	0.00	轻	抗	1 908.00	4 099.50	1 008.00	18.40
63.00	3.00	3.60	5.10	褐色	1.00	中	抗	1 558.50	4 767.00	1 395.00	34.10
64.70	4.00	6.30	4.60	褐色	1.09	中	中	1 873.50	4 756.50	1 084.50	24.90
56.20	3.50	5.40	4.50	褐色	0.50	中	抗	1 446.00	4 456.50	1 099.50	28.40
62.60	3.10	4.90	4.90	褐色	1.00	轻	抗	1 708.50	5 178.00	1 456.50	32.90
66.00	3.50	5.70	4.50	褐色	0.00	无	抗	1 753.50	5 305.50	1 291.50	28.00
51.80	3.20	4.80	4.00	褐色	0.00	无	抗	1 789.50	5 472.00	1 386.00	29.70
64.50	3.30	5.30	5.10	褐色	0.00	轻	抗	1 695.00	5 631.00	1 414.50	29.40
61.50	3.70	4.80	5.10	褐色	0.00	无	抗	1 797.00	5 433.00	1 363.50	25.20
62.30	3.10	4.20	4.90	褐色	0.00	中	抗	1 464.00	5 403.00	1 413.00	30.60

序号	库编号	名称	引入时间	引进单位	原产地	类型	花色	生育日数（d）	株高（cm）
346	8710	比引8号	1987	比利时考察组	比利时	纤	白	66.33	68.30
347	8801	VIKING（维肯）	1988	比利时考察组	比利时	纤	蓝	66.67	69.40
348	8802	1383	1988	黑龙江省科学院大庆分院亚麻综合利用研究所	黑龙江双城	纤	白	70.67	90.20
349	8803	1316	1988	黑龙江省科学院大庆分院亚麻综合利用研究所	黑龙江双城	纤	蓝	70.67	86.10
350	8804	2695	1988	黑龙江省科学院大庆分院亚麻综合利用研究所	黑龙江双城	纤	白	66.67	68.90
351	8806	1832	1988	黑龙江省科学院大庆分院亚麻综合利用研究所	黑龙江双城	纤	深蓝	65.00	73.30
352	8807	1828	1988	黑龙江省科学院大庆分院亚麻综合利用研究所	黑龙江双城	纤	蓝	70.00	93.80
353	8808	1306	1988	黑龙江省科学院大庆分院亚麻综合利用研究所	黑龙江双城	纤	蓝	69.00	84.60
354	8809	2777	1988	黑龙江省科学院大庆分院亚麻综合利用研究所	黑龙江双城	纤	蓝	70.00	91.40
355	8810	1377	1988	黑龙江省科学院大庆分院亚麻综合利用研究所	黑龙江双城	纤	蓝	68.67	90.60
356	8811	2697	1988	黑龙江省科学院大庆分院亚麻综合利用研究所	黑龙江双城	纤	蓝	69.5	85.30
357	8812	Jan-88	1988	黑龙江省农业科学院经济作物研究所	黑龙江呼兰	纤	蓝	68.33	81.80
358	8813	Feb-88	1988	黑龙江省农业科学院经济作物研究所	黑龙江呼兰	纤	蓝	68.67	72.70
359	8814	VIMY	1988	中国农业科学院作物品种资源研究所	法国	油	蓝	68.00	67.30
360	8901	REGINA	1989	中国农业科学院作物品种资源研究所	比利时	纤	白	67.33	69.80
361	8902	NATASJA	1989	中国农业科学院作物品种资源研究所	法国	纤	蓝	67.67	68.30
362	8903	ARIANE（阿里安）	1989	中国农业科学院作物品种资源研究所	法国	纤	蓝	67.33	66.90

（续表）

工艺长 （cm）	分枝数 （个）	蒴果数 （个）	千粒重 （g）	种皮色	抗倒伏性 （级）	白粉病 （级）	抗旱性 （级）	种子产量 （kg/hm²）	原茎产量 （kg/hm²）	全纤维产量 （kg/hm²）	全麻率 （%）
56.90	4.00	3.80	5.30	褐色	1.09	无	中	1 687.50	4 930.50	1 072.50	27.50
55.70	3.80	5.10	5.40	褐色	0.50	中	抗	1 459.50	4 879.50	1 257.00	30.00
83.50	2.40	2.10	4.70	褐色	1.00	无	抗	1 228.50	6 517.50	1 597.50	28.80
75.10	3.00	3.20	4.80	褐色	0.71	无	抗	1 332.00	6 165.00	1 332.00	24.90
58.10	3.80	4.10	5.00	褐色	1.00	无	抗	1 722.00	4 959.00	1 278.00	30.20
59.60	4.20	5.40	4.80	褐色	0.50	无	抗	1 879.50	4 956.00	1 618.50	37.40
78.20	4.50	8.80	4.40	褐色	1.00	无	抗	1 290.00	4 656.00	1 081.50	26.90
74.30	2.80	3.00	5.40	褐色	0.00	无	抗	1 284.00	4 923.00	1 135.50	26.60
81.20	2.90	2.60	5.10	褐色	0.94	无	抗	1 110.00	5 860.50	1 401.00	27.20
74.40	4.00	6.60	4.70	褐色	0.77	无	抗	1 287.00	5 697.00	1 191.00	24.30
72.10	3.10	4.20	3.97	褐色	0.00	无	抗	1 289.30	4 850.50	1 128.37	22.56
72.30	2.70	2.80	5.00	褐色	0.00	无	抗	1 348.50	5 844.00	1 240.50	24.90
62.40	2.70	3.50	5.00	褐色	0.00	轻	中	1 612.50	5 622.00	1 180.50	23.90
47.10	4.40	8.80	5.90	褐色	0.00	中	抗	2 199.00	3 877.50	856.50	15.40
56.50	4.40	5.60	4.90	褐色	0.00	中	抗	1 603.50	4 627.50	1 135.50	29.30
59.70	3.00	4.30	5.00	褐色	1.05	无	中	2 038.50	5 188.50	1 258.50	28.70
54.00	3.40	4.70	4.70	褐色	0.94	轻	中	1 837.50	5 250.00	1 365.00	30.20

序号	库编号	名称	引入时间	引进单位	原产地	类型	花色	生育日数（d）	株高（cm）
363	8905	SASKIA	1989	中国农业科学院作物品种资源研究所	法国	纤	蓝	69.33	72.80
364	8906	LAURA	1989	中国农业科学院作物品种资源研究所	法国	纤	蓝	65.67	63.40
365	8907	MARINA	1989	中国农业科学院作物品种资源研究所	法国	纤	蓝	64.67	71.70
366	8908	LW7810-0	1989	中国农业科学院作物品种资源研究所	比利时	纤	蓝	64.00	76.10
367	8909	S86-16	1989	中国农业科学院作物品种资源研究所	比利时	纤	蓝	63.67	75.90
368	8910	A5	1989	中国农业科学院作物品种资源研究所	比利时	纤	白	67.67	71.80
369	8911	A8	1989	中国农业科学院作物品种资源研究所	比利时	纤	白	64.00	72.70
370	8912	Jan-89	1989	比利时	比利时	纤	蓝	65.67	69.90
371	8913	Feb-89	1989	比利时	比利时	纤	蓝	64.67	76.50
372	8914	Mar-89	1989	比利时	比利时	纤	蓝	66.67	71.10
373	8915	Apr-89	1989	比利时	比利时	纤	蓝	65.67	70.40
374	8916	May-89	1989	比利时	比利时	纤	白	67.00	72.60
375	8917	Jun-89	1989	比利时	比利时	纤	白	67.00	61.70
376	8918	Jul-89	1989	比利时	比利时	纤	白	66.67	67.00
377	8920	Sep-89	1989	比利时	比利时	纤	白	67.00	71.20
378	8921	Oct-89	1989	比利时	比利时	纤	蓝	64.67	63.20
379	8922	Nov-89	1989	比利时	比利时	纤	白	64.33	68.90
380	8923	Dec-89	1989	比利时	比利时	纤	蓝	66.67	72.00
381	8924	89-13	1989	比利时	比利时	纤	蓝	67.00	68.70
382	8925	89-14	1989	比利时	比利时	纤	蓝	66.00	74.70
383	8926	89-15	1989	比利时	比利时	纤	蓝	66.33	78.80
384	8927	89-16	1989	比利时	比利时	纤	白	64.00	65.70
385	8928	89-17	1989	比利时	比利时	纤	蓝	64.67	78.30
386	8929	89-18	1989	比利时	比利时	纤	白	65.67	73.60

（续表）

工艺长（cm）	分枝数（个）	蒴果数（个）	千粒重（g）	种皮色	抗倒伏性（级）	白粉病（级）	抗旱性（级）	种子产量（kg/hm²）	原茎产量（kg/hm²）	全纤维产量（kg/hm²）	全麻率（%）
48.30	5.20	11.80	4.70	褐色	1.25	轻	抗	1 486.50	2 917.50	652.50	25.60
46.10	3.80	6.80	4.50	褐色	1.44	轻	抗	1 933.50	4 705.50	1 299.00	32.00
57.00	3.30	4.60	4.50	褐色	1.56	中	抗	1 734.00	5 494.50	1 552.50	33.00
61.40	4.00	6.50	4.30	褐色	1.32	中	抗	1 777.50	5 116.50	1 362.00	30.90
61.00	4.40	8.10	4.80	褐色	2.00	轻	抗	1 620.00	4 888.50	1 288.50	30.40
53.70	2.70	4.00	5.00	褐色	0.00	轻	抗	1 539.00	4 933.50	1 179.00	28.00
60.80	2.90	3.40	4.80	褐色	0.80	轻	抗	1 531.50	4 680.00	1 212.00	30.00
58.10	2.90	3.60	4.90	褐色	1.00	轻	抗	1 624.50	4 878.00	1 135.50	27.90
54.20	4.20	5.00	4.20	褐色	2.00	轻	中	1 669.50	5 622.00	1 581.00	32.70
56.30	3.40	6.10	4.50	褐色	0.40	轻	抗	1 651.50	4 950.00	1 177.50	28.10
56.70	3.60	4.30	4.60	褐色	2.70	轻	中	1 725.00	5 184.00	1 387.50	31.50
54.10	3.50	4.70	4.90	褐色	1.25	轻	抗	1 596.00	4 828.50	1 174.50	30.20
54.40	3.30	4.30	4.90	褐色	2.00	轻	抗	1 809.00	4 939.50	1 245.00	29.70
52.70	2.70	3.60	5.00	褐色	0.80	轻	抗	1 683.00	5 233.50	1 375.50	30.20
55.90	3.40	6.10	5.10	褐色	2.00	中	中	1 767.00	4 989.00	1 239.00	28.30
51.80	2.30	3.20	4.90	褐色	2.10	轻	抗	1 431.00	4 828.50	1 338.00	32.40
61.80	3.60	5.00	4.90	褐色	1.50	轻	抗	1 689.00	5 089.50	1 222.50	27.70
47.40	3.30	4.20	4.50	褐色	0.75	轻	抗	1 629.00	5 778.00	1 572.00	31.50
55.40	3.50	3.40	5.20	褐色	0.90	轻	中	1 947.00	4 728.00	1 159.50	31.20
57.30	4.20	7.50	4.70	褐色	1.34	轻	抗	1 710.00	5 478.00	1 495.50	31.30
65.40	3.40	5.20	4.40	褐色	1.50	轻	中	1 741.50	5 406.00	1 452.00	30.80
54.70	3.00	4.20	4.70	褐色	0.75	轻	中	1 276.50	4 794.00	1 177.50	28.70
64.20	3.40	5.20	4.40	褐色	2.50	轻	抗	1 560.00	4 911.00	1 341.00	30.80
59.00	3.70	6.90	5.00	褐色	0.75	轻	抗	1 537.50	4 689.00	1 150.50	27.90

序号	库编号	名称	引入时间	引进单位	原产地	类型	花色	生育日数（d）	株高（cm）
387	8931	89-20	1989	比利时	比利时	纤	蓝	66.67	63.50
388	8932	混合1	1989	中国农业科学院作物品种资源研究所	匈牙利	纤	蓝	65.67	75.10
389	8933	混合2	1989	中国农业科学院作物品种资源研究所	匈牙利	纤	蓝	65.67	73.50
390	8934	博物馆	1989	中国农业科学院作物品种资源研究所	匈牙利	纤	白	65.67	74.40
391	8936	匈牙利无名1号	1989	中国农业科学院作物品种资源研究所	匈牙利	纤	蓝	68.67	70.10
392	8937	匈牙利无名2号	1989	中国农业科学院作物品种资源研究所	匈牙利	油	蓝	67.33	64.70
393	8938	匈牙利无名3号	1989	中国农业科学院作物品种资源研究所	匈牙利	油	蓝	69.67	49.00
394	8940	BY-11	1989	中国农业科学院作物品种资源研究所	匈牙利	油纤	蓝	70.00	52.10
395	9001	BY-269	1990	中国农业科学院作物品种资源研究所	匈牙利	纤	蓝	64.67	79.80
396	9002	H·2	1990	中国农业科学院作物品种资源研究所	匈牙利	纤	蓝	69.67	80.30
397	9003	Hella（海拉）	1990	中国农业科学院作物品种资源研究所	匈牙利	纤	蓝	69.67	86.10
398	9101	OPALINE（奥博林）	1991	中国农业科学院作物品种资源研究所	法国	纤	蓝	64.33	78.60
399	9102	VIKING（维肯）	1991	中国农业科学院作物品种资源研究所	法国	纤	白	66.67	58.10
400	9701	белочка（原95-27）	1997	黑龙江省农业科学院经济作物研究所	苏联	纤	蓝	63.33	60.50
401	9702	кром（原95-28）	1997	黑龙江省农业科学院经济作物研究所	苏联	纤	蓝	65.67	69.00
402	9703	новомовиский（原95-29）	1997	黑龙江省农业科学院经济作物研究所	苏联	纤	蓝	64.00	71.60
403	9704	л-359（原95-30）	1997	黑龙江省农业科学院经济作物研究所	苏联	纤	蓝	65.00	74.70

（续表）

工艺长 （cm）	分枝数 （个）	蒴果数 （个）	千粒重 （g）	种皮色	抗倒伏性 （级）	白粉病 （级）	抗旱性 （级）	种子产量 （kg/hm²）	原茎产量 （kg/hm²）	全纤维产量 （kg/hm²）	全麻率 （%）
49.50	3.60	4.30	5.10	褐色	1.00	轻	抗	1 347.00	4 639.50	1 287.00	30.70
70.70	3.40	3.30	4.40	褐色	0.75	中	抗	1 653.00	5 455.50	1 348.50	28.10
60.70	3.60	4.20	4.90	褐色	0.75	重	抗	1 662.00	4 600.50	1 116.00	29.70
60.20	4.00	5.00	5.00	褐色	2.50	中	抗	1 599.00	5 139.00	1 303.50	23.20
57.40	4.00	5.10	5.60	褐色	0.50	轻	抗	1 726.50	4 311.00	868.50	25.50
52.70	4.30	5.40	4.90	褐色	2.00	轻	抗	1 891.50	4 095.00	843.00	13.20
33.80	4.30	6.90	7.50	褐色	1.01	轻	抗	1 824.00	3 016.50	822.00	16.10
39.00	4.00	6.30	5.20	褐色	2.30	轻	抗	1 768.50	3 733.50	813.00	18.60
69.20	3.50	4.30	3.90	褐色	2.50	轻	抗	1 491.00	4 689.00	1 132.50	23.60
72.40	2.70	2.90	4.20	褐色	2.00	轻	抗	1 410.00	6 273.00	1 252.50	24.00
71.50	2.70	3.50	4.90	褐色	0.94	中	抗	1 288.50	5 889.00	1 207.50	33.20
68.10	2.90	3.10	4.10	褐色	0.90	中	中	1 348.50	5 001.00	1 450.50	34.90
54.50	3.10	4.00	4.80	褐色	2.70	轻	抗	1 428.00	4 477.50	1 354.50	28.00
56.50	3.40	3.00	4.60	褐色	2.30	无	抗	1 411.50	4 572.00	1 129.50	27.60
58.60	2.70	3.00	4.70	褐色	0.50	轻	不抗	1 476.00	4 939.50	1 158.00	27.10
59.10	3.60	4.30	4.20	褐色	1.10	轻	抗	1 483.50	4 572.00	1 095.00	27.40
62.30	3.10	4.90	4.10	褐色	1.50	轻	中	1 443.00	5 194.50	1 314.00	28.20

序号	库编号	名称	引入时间	引进单位	原产地	类型	花色	生育日数（d）	株高（cm）
404	9705	c-108	1997	黑龙江省农业科学院经济作物研究所	苏联	纤	蓝	65.33	73.30
405	9706	т-8	1997	黑龙江省农业科学院经济作物研究所	苏联	纤	蓝	63.33	65.00
406	9708	оршанский	1997	黑龙江省农业科学院经济作物研究所	苏联	纤	蓝	63.67	70.90
407	9709	протресс	1997	黑龙江省农业科学院经济作物研究所	苏联	纤	蓝	63.00	66.10
408	9710	оршанский-72	1997	黑龙江省农业科学院经济作物研究所	苏联	纤	蓝	64.67	71.30
409	9711	к-6608	1997	黑龙江省农业科学院经济作物研究所	苏联	纤	蓝	63.33	68.70
410	9712	к-3153	1997	黑龙江省农业科学院经济作物研究所	苏联	纤	蓝	63.33	66.80
411	9713	к-3371	1997	黑龙江省农业科学院经济作物研究所	苏联	纤	蓝	64.00	68.10
412	9714	к-5038	1997	黑龙江省农业科学院经济作物研究所	苏联	纤	蓝	65.67	75.80
413	9715	к-3978	1997	黑龙江省农业科学院经济作物研究所	苏联	纤	蓝	63.00	68.40
414	9761	坝116	1997	张家口市坝上农业科学研究所	河北张家口	油纤	蓝	70.67	67.80
415	9801	法无名	1998	黑龙江省农业科学院经济作物研究所	法国	纤	蓝	66.67	68.90
416	9802	Exel	1998	黑龙江省农业科学院经济作物研究所	法国	纤	蓝	65.00	63.20
417	9901	т-9（k-6201）	1999	黑龙江省农业科学院经济作物研究所	苏联	油纤	蓝	63.00	72.60
418	9902	т-10（k-6531）	1999	黑龙江省农业科学院经济作物研究所	苏联	纤	蓝	64.67	71.30
419	9903	тверца（k-6767）	1999	黑龙江省农业科学院经济作物研究所	苏联	纤	蓝	63.00	69.00

（续表）

工艺长 （cm）	分枝数 （个）	蒴果数 （个）	千粒重 （g）	种皮色	抗倒伏性 （级）	白粉病 （级）	抗旱性 （级）	种子产量 （kg/hm²）	原茎产量 （kg/hm²）	全纤维产量 （kg/hm²）	全麻率 （%）
63.30	3.20	3.50	4.20	褐色	1.00	轻	抗	1 470.00	4 549.50	1 126.50	31.30
55.80	2.80	2.50	4.40	褐色	0.88	轻	抗	1 530.00	4 206.00	1 152.00	26.40
58.10	4.00	6.30	4.20	褐色	0.50	轻	抗	1 374.00	4 600.50	1 059.00	31.50
54.00	3.10	3.40	3.80	褐色	1.10	轻	抗	1 155.00	4 578.00	1 242.00	25.40
57.80	4.30	7.10	3.90	褐色	0.88	轻	抗	1 467.00	4 578.00	1 021.50	26.30
52.10	3.90	6.50	4.20	褐色	0.88	无	抗	1 540.50	4 344.00	1 002.00	28.00
47.10	2.70	3.10	4.10	褐色	0.88	无	中	1 396.50	3 834.00	936.00	26.20
50.40	4.50	10.60	3.80	褐色	3.00	无	抗	1 678.50	3 534.00	826.50	29.70
62.10	3.40	4.70	4.40	褐色	1.16	无	中	1 461.00	5 289.00	1 549.50	25.90
51.30	3.70	4.20	4.20	褐色	1.09	无	抗	1 464.00	4 600.50	1 042.50	28.20
55.40	4.00	5.60	6.40	褐色	0.26	无	抗	2 041.50	5 833.50	1 399.50	21.80
58.90	2.60	2.80	4.70	褐色	0.58	重	抗	1 455.00	5 556.00	1 489.50	29.40
51.00	3.10	4.50	4.80	褐色	0.00	中	抗	1 407.00	4 767.00	1 225.50	29.50
62.30	2.80	3.20	4.30	褐色	0.00	无	抗	1 023.00	4 878.00	1 270.50	30.60
60.30	3.10	3.70	4.90	褐色	0.00	无	抗	1 548.00	4 911.00	1 285.50	31.70
61.40	3.60	4.90	4.50	褐色	1.09	轻	中	1 185.00	4 816.50	1 210.50	33.50

序号	库编号	名称	引入时间	引进单位	原产地	类型	花色	生育日数（d）	株高（cm）
420	9904	оршанский-2（奥尔沙-2）	1999	黑龙江省农业科学院经济作物研究所	苏联	纤	蓝	63.00	77.80
421	9905	к-6 к-6815	1999	黑龙江省农业科学院经济作物研究所	苏联	纤	蓝紫	66.00	72.40
422	9906	мочилёвский（莫吉廖夫）	1999	黑龙江省农业科学院经济作物研究所	苏联	纤	蓝	65.33	75.70
423	9908	працыв（普拉柴夫）	1999	黑龙江省农业科学院经济作物研究所	苏联	纤	蓝	61.00	69.30
424	9909	дасевем（达斯维施）	1999	黑龙江省农业科学院经济作物研究所	苏联	纤	蓝	65.00	68.20
425	9910	родник（罗德尼克）	1999	黑龙江省农业科学院经济作物研究所	苏联	纤	蓝	63.00	79.00
426	9911	дасиковский（达斯盖维）	1999	黑龙江省农业科学院经济作物研究所	苏联	纤	蓝	65.00	72.50
427	9912	кром 科罗姆	1999	黑龙江省农业科学院经济作物研究所	苏联	纤	蓝	67.33	77.20
428	200001	Aurore	2000	赴法国考察团	法国	纤	蓝	63.00	70.50
429	200002	天鑫10号	2000	新疆伊犁州农业科学研究所	新疆	纤	蓝	66.00	78.00
430	200003	Ilona	2000	赴法国考察团	法国	纤	蓝	67.33	70.50
431	200004	吉亚一号	2000	吉林省农业科学院	吉林	纤	蓝	70.33	92.50
432	200005	Vevas	2000	赴法国考察团	法国	纤	蓝	65.33	65.30
433	200006	考纳斯	2000	赴法国考察团	法国	纤	蓝	66.00	74.80
434	200007	伊罗娜	2000	赴法国考察团	法国	纤	蓝	66.67	65.60
435	200008	爱来克塔	2000	赴法国考察团	法国	纤	蓝	67.33	73.00
436	200009	阿克塔	2000	赴法国考察团	法国	纤	蓝	66.67	76.10
437	200101	Y2001-1	2000	黑龙江省农业科学院经济作物研究所	黑龙江呼兰	油	蓝	66.33	51.50
438	200102	Y2001-2	2000	黑龙江省农业科学院经济作物研究所	黑龙江呼兰	纤	蓝	66.67	55.80
439	200103	98-2（黑亚12）	2000	黑龙江省农业科学院经济作物研究所	黑龙江呼兰	纤	蓝	70.67	87.10

（续表）

工艺长 （cm）	分枝数 （个）	蒴果数 （个）	千粒重 （g）	种皮色	抗倒伏性 （级）	白粉病 （级）	抗旱性 （级）	种子产量 （kg/hm²）	原茎产量 （kg/hm²）	全纤维产量 （kg/hm²）	全麻率 （%）
62.10	4.20	5.30	4.10	褐色	1.00	轻	抗	964.50	4 366.50	1 261.50	22.60
60.10	3.40	5.20	3.90	褐色	0.75	无	抗	1 647.00	5 566.50	1 074.00	24.00
60.60	4.10	6.60	4.10	褐色	0.30	无	抗	1 390.50	4 389.00	906.00	25.50
56.40	3.30	3.70	3.80	褐色	0.50	轻	抗	781.50	4 267.50	928.50	35.40
57.40	2.90	3.20	4.50	褐色	0.00	轻	抗	1 416.00	5 034.00	1 471.50	30.80
62.90	4.20	6.40	4.30	褐色	0.68	轻	抗	1 162.50	4 711.50	1 257.00	31.50
60.70	3.60	5.00	4.40	褐色	2.00	轻	抗	1 395.00	5 044.50	1 381.50	32.30
64.30	3.70	5.10	4.50	褐色	0.76	轻	抗	1 504.50	5 050.50	937.50	21.80
57.90	3.60	5.00	4.90	褐色	2.20	重	抗	1 321.50	4 555.50	1 213.50	28.00
65.50	2.60	3.80	4.20	褐色	1.02	中	中	1 626.00	5 377.50	1 290.00	28.20
55.50	3.90	5.30	4.70	褐色	2.30	轻	抗	1 353.00	5 467.50	1 635.00	34.50
78.80	3.80	5.30	4.90	褐色	1.00	无	抗	1 324.50	5 788.50	1 173.00	24.30
49.20	3.70	5.60	5.10	褐色	2.00	轻	抗	1 402.50	4 678.50	1 231.50	33.30
61.50	3.20	3.50	4.80	褐色	2.00	中	抗	1 435.50	5 800.50	1 671.00	32.90
52.40	2.80	3.40	4.60	褐色	0.50	轻	抗	1 425.00	5 583.00	1 609.50	34.60
60.50	2.40	3.00	4.60	褐色	2.00	中	抗	1 522.50	5 733.00	1 584.00	31.50
62.80	3.20	4.70	4.80	褐色	1.00	轻	抗	1 554.45	5 133.60	1 382.10	30.85
42.70	2.80	4.30	4.90	黄色	2.00	无	抗	2 023.05	3 733.50	879.00	17.69
39.10	2.80	4.90	5.60	褐色	1.00	无	抗	2 001.30	4 466.85	1 199.40	30.77
78.30	3.10	4.20	4.70	褐色	1.60	无	抗	1 277.55	6 289.20	1 205.55	22.71

序号	库编号	名称	引入时间	引进单位	原产地	类型	花色	生育日数（d）	株高（cm）
440	200104	2001-2（黑亚13）	2000	黑龙江省农业科学院经济作物研究所	黑龙江呼兰	纤	蓝	70.67	90.00
441	200105	2001-1（黑亚14）	2000	黑龙江省农业科学院经济作物研究所	黑龙江呼兰	纤	蓝	68.67	76.20
442	200106	GIZA5	2001	黑龙江省农业科学院经济作物研究所	苏联	油	蓝	69.33	56.10
443	200107	GIZA6	2001	黑龙江省农业科学院经济作物研究所	苏联	油	蓝	68.33	52.10
444	200108	GIZA7	2001	黑龙江省农业科学院经济作物研究所	苏联	油	蓝	68.33	49.10
445	200109	BISON②	2001	黑龙江省农业科学院经济作物研究所	苏联	油	蓝	66.33	47.90
446	200110	REDWOOD65	2001	黑龙江省农业科学院经济作物研究所	苏联	油	蓝	64.67	48.70
447	200111	REDWOOD68	2001	黑龙江省农业科学院经济作物研究所	苏联	油	蓝	65.00	52.50
448	200112	WISHEK	2001	黑龙江省农业科学院经济作物研究所	苏联	油	蓝	63.00	51.40
449	200113	81-27-3（黑亚11）	2001	黑龙江省农业科学院经济作物研究所	黑龙江呼兰	纤	蓝	70.33	92.50
450	200202	幽兰	2002	黑龙江省科学院大庆分院亚麻综合利用研究所	黑龙江	油	蓝	62.67	50.80
451	200203	96-704（双亚10号）	2002	黑龙江省科学院大庆分院亚麻综合利用研究所	黑龙江双城	纤	蓝	66.67	79.50
452	200204	96-828	2002	黑龙江省科学院大庆分院亚麻综合利用研究所	黑龙江双城	纤	蓝	67.67	91.70
453	200205	99-1201	2002	黑龙江省科学院大庆分院亚麻综合利用研究所	黑龙江双城	纤	蓝	68.33	90.70
454	200206	99-1403（双亚12号）	2002	黑龙江省科学院大庆分院亚麻综合利用研究所	黑龙江双城	纤	蓝	68.33	98.90
455	200207	99-1462	2002	黑龙江省科学院大庆分院亚麻综合利用研究所	黑龙江双城	纤	蓝	67.33	85.40

（续表）

工艺长（cm）	分枝数（个）	蒴果数（个）	千粒重（g）	种皮色	抗倒伏性（级）	白粉病（级）	抗旱性（级）	种子产量（kg/hm²）	原茎产量（kg/hm²）	全纤维产量（kg/hm²）	全麻率（%）
73.70	3.60	6.20	4.20	褐色	1.25	无	抗	1 357.65	6 000.30	1 309.20	25.13
62.40	3.40	5.50	4.90	褐色	0.00	无	抗	1 558.35	5 566.95	1 492.05	30.55
39.40	4.40	9.60	5.50	褐色	0.00	轻	抗	1 549.50	3 500.25	1 234.05	14.44
40.30	3.00	4.50	5.90	褐色	1.00	轻	抗	1 675.05	3 666.90	744.30	13.58
35.50	3.50	4.90	6.00	褐色	1.25	中	抗	1 641.30	3 144.60	800.70	12.85
39.90	4.00	7.20	5.20	褐色	0.80	中	抗	2 071.05	3 600.15	769.20	14.78
35.10	3.30	4.70	4.60	褐色	1.40	轻	抗	2 021.25	3 277.95	819.75	19.02
37.10	4.30	10.00	4.80	褐色	0.00	重	中	1 260.60	3 666.90	709.95	12.31
34.30	4.40	9.10	4.70	褐色	1.00	重	抗	1 514.25	2 822.40	640.65	16.09
80.80	3.90	5.10	5.00	褐色	0.40	无	抗	1 558.35	6 533.70	1 474.50	26.48
33.70	3.10	4.00	4.90	褐色	0.80	无	抗	1 499.70	3 200.10	688.65	14.79
66.90	3.40	5.40	4.50	褐色	0.50	无	抗	1 351.05	5 444.70	1 413.30	30.16
76.50	4.90	7.80	4.70	褐色	0.00	无	抗	1 194.45	5 222.55	929.10	20.61
84.10	2.70	2.80	4.50	褐色	0.00	无	抗	1 012.65	5 667.00	1 208.10	25.06
86.90	4.40	5.70	5.10	褐色	0.00	无	抗	891.15	5 722.50	1 214.55	24.71
79.50	1.60	1.80	5.00	褐色	0.82	无	中	1 000.80	5 355.75	1 161.15	24.99

序号	库编号	名称	引入时间	引进单位	原产地	类型	花色	生育日数（d）	株高（cm）
456	200208	99-1569	2002	黑龙江省科学院大庆分院亚麻综合利用研究所	黑龙江双城	纤	蓝	70.33	87.90
457	200209	99-1578	2002	黑龙江省科学院大庆分院亚麻综合利用研究所	黑龙江双城	纤	蓝	70.00	92.00
458	200210	99-1596	2002	黑龙江省科学院大庆分院亚麻综合利用研究所	黑龙江双城	纤	蓝	76.5	92.50
459	200212	99-2255	2002	黑龙江省科学院大庆分院亚麻综合利用研究所	黑龙江双城	纤	蓝	67.33	83.10
460	200213	99-2379	2002	黑龙江省科学院大庆分院亚麻综合利用研究所	黑龙江双城	纤	蓝	70.33	90.70
461	200214	00-981	2002	黑龙江省科学院大庆分院亚麻综合利用研究所	黑龙江双城	纤	蓝	70.00	90.10
462	200215	99-1571	2002	黑龙江省科学院大庆分院亚麻综合利用研究所	黑龙江双城	纤	蓝	66.67	70.80
463	200301	Y2003-1	2003	黑龙江省农业科学院经济作物研究所	黑龙江呼兰	纤	蓝	67.30	72.30
464	200302	Y2003-2	2003	黑龙江省农业科学院经济作物研究所	黑龙江呼兰	纤	蓝	66.33	67.60
465	200601	Y2006-1	2005	黑龙江省农业科学院经济作物研究所	黑龙江呼兰	纤	蓝	63.67	63.40
466	200602	Y2006-2	2005	黑龙江省农业科学院经济作物研究所	黑龙江呼兰	纤	蓝	63.33	70.20
467	200603	Y2006-3	2005	黑龙江省农业科学院经济作物研究所	黑龙江呼兰	纤	蓝	61.33	80.10
468	200604	Y2006-4	2005	黑龙江省农业科学院经济作物研究所	黑龙江呼兰	纤	蓝	65.67	73.40
469	200605	02-1489	2005	黑龙江省科学院大庆分院亚麻综合利用研究所	黑龙江双城	纤	蓝	67.00	77.00
470	200606	02-1812	2005	黑龙江省科学院大庆分院亚麻综合利用研究所	黑龙江双城	纤	蓝	66.00	78.70
471	200607	02-1821	2005	黑龙江省科学院大庆分院亚麻综合利用研究所	黑龙江双城	纤	蓝	65.67	77.20

（续表）

工艺长（cm）	分枝数（个）	蒴果数（个）	千粒重（g）	种皮色	抗倒伏性（级）	白粉病（级）	抗旱性（级）	种子产量（kg/hm²）	原茎产量（kg/hm²）	全纤维产量（kg/hm²）	全麻率（%）
78.60	2.90	2.90	5.10	褐色	0.70	无	抗	1 214.55	6 489.15	1 518.00	27.52
79.90	4.10	4.20	5.00	褐色	1.10	无	抗	1 368.45	6 378.15	1 404.30	25.85
80.80	3.7	6.7	4.95	褐色	0.00	无	抗	741.90	6 068.75	1 415.30	29.92
71.10	4.00	4.10	4.40	褐色	1.00	无	抗	1 203.15	5 155.80	1 270.95	28.33
78.40	3.30	4.50	4.80	褐色	0.88	无	抗	953.10	6 050.25	1 247.55	23.90
79.50	3.40	4.20	4.40	褐色	0.88	无	中	1 274.55	5 994.75	1 521.30	29.83
59.90	3.20	4.10	4.80	褐色	0.50	无	抗	1 348.35	4 844.70	1 268.70	28.96
6050	3.50	4.42	4.76	褐色	0.33	无	抗	1 320.63	4 932.60	1 386.50	28.33
57.20	4.00	4.20	4.90	褐色	0.69	无	抗	1 790.40	4 794.75	1 318.65	31.67
57.60	4.30	5.20	4.90	褐色	0.88	轻	抗	1 525.95	4 433.55	1 246.65	32.00
51.40	3.80	4.30	4.30	褐色	2.00	无	抗	1 754.40	4 816.95	1 596.30	38.33
65.80	4.00	5.40	4.60	褐色	2.20	无	抗	1 415.40	4 489.05	1 426.65	37.05
57.70	4.10	5.70	4.80	褐色	1.00	无	抗	1 791.45	5 205.75	1 564.80	34.62
63.00	4.30	5.20	4.70	褐色	1.30	无	抗	1 369.35	4 916.85	1 477.95	35.16
67.70	3.40	3.50	4.30	褐色	1.10	无	抗	1 209.30	4 366.95	1 187.85	32.27
67.00	3.10	3.60	4.80	褐色	1.60	无	抗	1 558.35	5 722.50	1 393.20	28.56

序号	库编号	名称	引入时间	引进单位	原产地	类型	花色	生育日数（d）	株高（cm）
472	200608	02-1868	2005	黑龙江省科学院大庆分院亚麻综合利用研究所	黑龙江双城	纤	蓝	67.33	80.10
473	200609	02-1902	2005	黑龙江省科学院大庆分院亚麻综合利用研究所	黑龙江双城	纤	蓝	66.00	68.00
474	200610	02-1905	2005	黑龙江省科学院大庆分院亚麻综合利用研究所	黑龙江双城	纤	蓝	66.00	64.20
475	200611	02-1912	2005	黑龙江省科学院大庆分院亚麻综合利用研究所	黑龙江双城	纤	蓝	67.00	71.60
476	200612	02-1935	2005	黑龙江省科学院大庆分院亚麻综合利用研究所	黑龙江双城	纤	蓝	66.67	80.90
477	200613	02-1955	2005	黑龙江省科学院大庆分院亚麻综合利用研究所	黑龙江双城	纤	蓝	65.33	84.70
478	200614	02-1965	2005	黑龙江省科学院大庆分院亚麻综合利用研究所	黑龙江双城	纤	蓝	68.33	78.50
479	200615	02-2477	2005	黑龙江省科学院大庆分院亚麻综合利用研究所	黑龙江双城	纤	蓝	67.33	78.70
480	200616	02-2618	2005	黑龙江省科学院大庆分院亚麻综合利用研究所	黑龙江双城	纤	蓝	69.33	89.30
481	200617	02-2648	2005	黑龙江省科学院大庆分院亚麻综合利用研究所	黑龙江双城	纤	蓝	67.33	86.60
482	200618	02-3208	2005	黑龙江省科学院大庆分院亚麻综合利用研究所	黑龙江双城	纤	蓝	66.33	84.20
483	200620	02-1952	2005	黑龙江省科学院大庆分院亚麻综合利用研究所	黑龙江双城	纤	蓝	67.33	78.00
484	200701	04-1286	2006	黑龙江省科学院大庆分院亚麻综合利用研究所	黑龙江双城	纤	蓝	67.67	88.80
485	200702	04-1289	2006	黑龙江省科学院大庆分院亚麻综合利用研究所	黑龙江双城	纤	蓝	67.67	95.80
486	200703	04-1295	2006	黑龙江省科学院大庆分院亚麻综合利用研究所	黑龙江双城	纤	蓝	69.33	89.40
487	200704	04-1313	2006	黑龙江省科学院大庆分院亚麻综合利用研究所	黑龙江双城	纤	蓝	69.33	87.00

（续表）

工艺长 （cm）	分枝数 （个）	蒴果数 （个）	千粒重 （g）	种皮色	抗倒伏性 （级）	白粉病 （级）	抗旱性 （级）	种子产量 （kg/hm²）	原茎产量 （kg/hm²）	全纤维产量 （kg/hm²）	全麻率 （%）
62.20	3.10	3.70	4.90	褐色	1.25	无	抗	1 626.60	6 016.95	1 677.30	32.17
55.10	3.60	5.10	4.60	褐色	2.00	无	抗	1 405.35	4 633.50	1 183.65	29.72
54.30	2.90	3.40	4.70	褐色	1.90	无	抗	1 524.00	4 633.50	1 505.70	37.46
61.70	3.00	3.50	4.80	褐色	1.40	无	抗	1 485.30	5 100.30	1 464.75	33.25
65.80	3.50	4.50	4.70	褐色	0.50	无	抗	1 530.45	5 189.10	1 297.20	29.23
73.20	3.20	5.20	5.00	褐色	2.10	无	抗	1 590.45	5 039.10	1 407.75	31.90
65.00	3.90	4.70	5.00	褐色	1.00	无	抗	1 697.25	5 183.55	1 564.50	35.14
68.30	3.30	3.60	4.70	褐色	1.00	无	抗	1 514.10	5 555.85	1 757.55	36.02
78.00	3.70	4.50	5.30	褐色	1.60	无	抗	1 420.80	5 600.25	1 762.05	37.75
68.10	3.50	4.10	4.80	褐色	0.10	无	抗	1 290.45	6 039.15	1 364.55	26.03
70.90	3.70	4.70	4.70	褐色	0.10	无	抗	795.30	5 489.10	1 519.80	33.00
63.00	3.90	6.60	4.90	褐色	2.10	无	抗	1 472.25	5 178.00	1 427.10	31.63
76.50	2.70	4.20	4.70	褐色	0.50	无	抗	1 247.85	6 000.30	1 780.20	33.24
80.60	3.90	5.80	5.10	褐色	1.10	无	中	1 182.90	6 000.30	1 715.70	33.60
78.60	4.00	4.80	4.40	褐色	0.80	无	抗	1 450.95	6 378.15	1 642.20	29.61
76.10	3.30	4.40	4.90	褐色	1.50	无	抗	1 436.85	5 750.25	1 288.80	26.53

序号	库编号	名称	引入时间	引进单位	原产地	类型	花色	生育日数（d）	株高（cm）
488	200705	04-1361	2006	黑龙江省科学院大庆分院亚麻综合利用研究所	黑龙江双城	纤	蓝	69.33	95.90
489	200706	04-1721	2006	黑龙江省科学院大庆分院亚麻综合利用研究所	黑龙江双城	纤	蓝	66.33	78.50
490	200707	04-1741	2006	黑龙江省科学院大庆分院亚麻综合利用研究所	黑龙江双城	纤	蓝	66.67	77.00
491	200708	04-1771	2006	黑龙江省科学院大庆分院亚麻综合利用研究所	黑龙江双城	纤	蓝	67.00	73.50
492	200709	04-1791	2006	黑龙江省科学院大庆分院亚麻综合利用研究所	黑龙江双城	纤	蓝	67.00	67.40
493	200710	04-1911	2006	黑龙江省科学院大庆分院亚麻综合利用研究所	黑龙江双城	纤	蓝	64.33	76.00
494	200711	04-1931	2006	黑龙江省科学院大庆分院亚麻综合利用研究所	黑龙江双城	纤	蓝	66.33	70.00
495	200712	04-1961	2006	黑龙江省科学院大庆分院亚麻综合利用研究所	黑龙江双城	纤	蓝	66.33	74.00
496	200713	04-2181	2006	黑龙江省科学院大庆分院亚麻综合利用研究所	黑龙江双城	纤	蓝	65.00	77.00
497	200714	04-2281	2006	黑龙江省科学院大庆分院亚麻综合利用研究所	黑龙江双城	纤	蓝	68.00	52.50
498	200715	1990-096-007	2006	黑龙江尾山农场	荷兰	纤	蓝	66.67	66.30
499	200716	1996-043-215	2006	黑龙江尾山农场	荷兰	纤	蓝	67.67	79.40
500	200717	1998-031-022	2006	黑龙江尾山农场	荷兰	纤	蓝	67.00	80.10
501	200718	1988-045-059	2006	黑龙江尾山农场	荷兰	纤	蓝	67.33	75.70
502	200719	1991-001-013	2006	黑龙江尾山农场	荷兰	纤	白	67.33	85.80
503	200720	1991-060-029	2006	黑龙江尾山农场	荷兰	纤	蓝	65.67	70.10
504	200721	1995-066-004	2006	黑龙江尾山农场	荷兰	纤	蓝	67.33	70.40
505	200722	1998-039-039	2006	黑龙江尾山农场	荷兰	纤	蓝	68.00	70.10
506	200723	1999-004-035	2006	黑龙江尾山农场	荷兰	纤	蓝	64.67	74.50
507	200724	1987-040-001	2006	黑龙江尾山农场	荷兰	纤	蓝	65.33	66.30
508	200725	AURORE	2006	黑龙江尾山农场	荷兰	纤	蓝	64.33	68.00
509	200726	CULBERT	2006	黑龙江尾山农场	荷兰	油纤	蓝	65.67	61.00

（续表）

工艺长 （cm）	分枝数 （个）	蒴果数 （个）	千粒重 （g）	种皮 色	抗倒 伏性 （级）	白粉 病 （级）	抗旱 性 （级）	种子产量 （kg/hm²）	原茎产量 （kg/hm²）	全纤维 产量 （kg/hm²）	全麻率 （%）
80.90	4.60	6.30	5.20	褐色	1.00	无	抗	1 381.35	5 672.55	1 341.30	27.73
62.30	4.30	5.70	4.80	褐色	2.00	无	抗	1 386.75	4 883.55	1 323.60	31.08
62.40	4.20	5.50	4.90	褐色	1.60	无	抗	1 373.55	4 322.40	1 336.95	35.40
61.70	2.80	3.40	4.80	褐色	0.90	无	抗	1 217.70	4 966.95	1 321.80	31.57
53.00	3.90	6.30	4.50	褐色	0.00	无	抗	1 451.70	4 833.60	1 459.20	34.81
63.60	3.70	5.30	4.60	褐色	0.00	无	抗	1 449.15	4 733.55	1 341.90	32.47
64.70	3.70	4.70	4.60	褐色	3.00	无	抗	1 518.60	5 639.10	1 580.55	32.61
64.10	2.70	3.50	5.00	褐色	2.50	无	抗	1 469.55	5 900.25	1 781.40	34.61
64.00	3.20	4.10	4.90	褐色	0.00	无	抗	1 490.70	5 383.65	1 631.10	34.67
36.30	4.60	6.80	4.90	褐色	0.60	无	抗	2 120.25	3 539.10	784.35	16.03
53.70	3.40	4.60	4.30	褐色	0.00	轻	抗	1 432.35	5 089.20	1 390.05	31.69
66.30	3.20	4.50	4.40	褐色	0.00	轻	抗	1 844.70	5 922.45	1 181.25	23.04
54.90	4.50	7.50	4.40	褐色	1.80	无	抗	1 489.35	5 205.75	1 619.25	35.28
62.70	3.50	4.50	4.50	褐色	0.72	无	抗	1 399.35	5 583.60	1 704.90	35.31
73.60	3.30	3.70	4.50	褐色	0.50	无	抗	1 282.05	5 911.35	1 632.60	32.00
55.70	3.80	5.00	5.00	褐色	1.00	无	抗	1 458.00	4 894.65	1 306.35	30.81
55.90	3.40	5.00	4.70	褐色	0.00	无	抗	1 549.65	5 661.45	1 716.60	35.02
55.60	4.60	7.60	5.30	褐色	0.00	无	抗	1 667.70	4 311.30	1 225.80	32.54
61.90	4.10	4.70	5.20	褐色	1.00	无	抗	1 230.30	5 172.45	1 569.75	35.17
51.90	3.90	5.40	5.00	褐色	0.50	无	抗	1 309.80	4 561.35	1 405.35	35.72
53.40	4.30	5.60	4.80	褐色	0.30	轻	抗	1 614.60	4 605.75	1 543.65	37.92
48.50	3.40	4.00	4.70	褐色	1.00	轻	抗	1 800.75	3 644.70	918.45	18.66

序号	库编号	名称	引入时间	引进单位	原产地	类型	花色	生育日数（d）	株高（cm）
510	200727	D83（CGN19338）	2006	黑龙江尾山农场	荷兰	油纤	蓝	67.00	60.50
511	200728	ELECTRA	2006	黑龙江尾山农场	荷兰	纤	蓝	69.33	74.50
512	200729	ENGELUM·E47.6	2006	黑龙江尾山农场	荷兰	纤	白	70.00	64.90
513	200730	MCGREGOR E-1747	2006	黑龙江尾山农场	荷兰	油纤	蓝	69.33	63.60
514	200731	EVELIN	2006	黑龙江尾山农场	荷兰	纤	蓝	67.00	67.90
515	200732	ELISE	2006	黑龙江尾山农场	荷兰	纤	白	67.67	70.20
516	200733	FANY	2006	黑龙江尾山农场	荷兰	纤	蓝	67.00	69.80
517	200734	HERA	2006	黑龙江尾山农场	荷兰	纤	白	65.33	70.30
518	200735	KASTYČIAI	2006	黑龙江尾山农场	荷兰	纤	紫蓝	68.00	80.90
519	200736	LIRAL DOMTNTOM	2006	黑龙江尾山农场	荷兰	油	浅蓝	68.00	55.30
520	200737	MARYLIN	2006	黑龙江尾山农场	荷兰	纤	蓝	67.00	71.70
521	200738	MODRAN	2006	黑龙江尾山农场	荷兰	纤	蓝	65.00	78.70
522	200739	MAPUNMA	2006	黑龙江尾山农场	荷兰	纤	蓝	67.00	79.10
523	200740	NYNKE	2006	黑龙江尾山农场	荷兰	纤	白	66.67	71.30
524	200741	ROD 832	2006	黑龙江尾山农场	荷兰	纤	蓝	65.00	71.60
525	200742	SELENA	2006	黑龙江尾山农场	荷兰	纤	蓝	65.00	74.50
526	200743	SUPER	2006	黑龙江尾山农场	荷兰	纤	蓝	66.33	68.20
527	200744	T-10	2006	黑龙江尾山农场	荷兰	油	紫蓝	64.33	56.20
528	200745	VDB00.01	2006	黑龙江尾山农场	荷兰	纤	浅粉	67.00	79.40
529	200746	VIOLA	2006	黑龙江尾山农场	荷兰	纤	紫	65.33	76.50
530	200747	VERALIN	2006	黑龙江尾山农场	荷兰	纤	蓝	67.67	73.50
531	200748	VEGA 2	2006	黑龙江尾山农场	荷兰	纤	白	66.67	73.80
532	200749	VÅRGÅRDA	2006	黑龙江尾山农场	荷兰	油	蓝紫	61.67	59.50
533	200750	GEGING	2007	黑龙江农垦总局北安农科所	荷兰	纤	白	64.00	71.30
534	200751	CAESAS AUGUTUS	2007	黑龙江农垦总局北安农科所	荷兰	纤	蓝	66.00	68.70

（续表）

工艺长（cm）	分枝数（个）	蒴果数（个）	千粒重（g）	种皮色	抗倒伏性（级）	白粉病（级）	抗旱性（级）	种子产量（kg/hm²）	原茎产量（kg/hm²）	全纤维产量（kg/hm²）	全麻率（%）
46.20	5.40	7.50	4.10	褐色	1.60	轻	抗	2 045.55	3 828.00	1 024.80	18.09
64.20	3.40	3.60	4.40	褐色	0.00	无	抗	1 755.60	5 566.95	1 867.80	37.52
50.80	3.30	4.30	4.10	褐色	0.00	无	抗	1 564.95	4 194.60	1 130.55	31.60
46.70	5.60	12.30	4.50	褐色	0.80	无	抗	1 926.60	3 228.00	913.65	17.66
54.40	3.20	4.20	4.70	褐色	0.00	无	抗	1 737.15	5 300.25	1 683.45	36.04
56.70	3.40	4.90	4.80	褐色	0.00	无	中	1 643.25	4 994.70	1 368.60	31.18
57.20	3.20	3.90	4.70	褐色	1.00	无	抗	1 874.85	4 950.30	1 525.20	34.55
55.70	3.80	5.40	5.30	褐色	0.72	无	中	1 568.40	4 466.85	1 300.50	31.96
65.30	5.30	10.70	5.40	褐色	0.30	无	抗	1 528.35	5 028.00	1 367.25	29.98
37.40	4.80	9.50	5.30	褐色	0.25	轻	抗	1 921.05	3 211.20	808.80	18.55
53.70	5.00	6.80	4.50	褐色	0.00	.轻	抗	1 339.80	4 922.40	1 714.65	39.68
60.30	4.90	11.90	4.30	褐色	0.63	无	抗	1 417.95	4 850.25	1 582.80	35.00
65.50	3.90	5.70	5.20	褐色	0.25	无	抗	1 701.15	4 866.90	1 501.80	34.68
58.30	3.70	4.10	5.10	褐色	0.50	无	抗	1 402.05	4 666.95	1 172.40	28.45
57.90	3.50	4.00	5.00	褐色	0.20	无	抗	1 570.80	4 705.80	1 197.90	28.78
57.80	4.00	5.10	4.40	褐色	1.00	无	抗	1 597.50	4 939.20	1 325.10	29.79
53.60	3.50	4.50	4.80	褐色	0.60	无	抗	1 441.35	4 666.95	1 518.75	39.15
44.00	3.30	5.40	5.10	褐色	0.70	无	抗	1 850.70	3 808.50	787.35	13.17
65.80	3.70	5.50	4.70	褐色	0.20	轻	抗	1 420.35	4 483.50	1 298.25	33.32
60.70	5.00	7.80	4.80	褐色	0.80	轻	抗	1 441.05	5 389.20	1 678.95	35.94
52.80	5.00	9.80	5.00	褐色	0.30	轻	抗	1 819.35	4 794.75	1 276.95	31.01
55.50	4.30	7.30	5.40	褐色	0.40	轻	抗	1 451.40	4 627.95	1 228.80	29.74
40.60	5.10	8.40	4.00	褐色	0.94	轻	抗	1 477.05	3 244.65	780.45	16.98
51.60	5.10	7.80	4.70	褐色	0.94	轻	抗	1 270.65	4 433.55	1 185.30	30.37
55.20	3.80	5.00	4.60	褐色	0.38	轻	抗	1 085.10	4 966.95	1 531.05	35.02

序号	库编号	名称	引入时间	引进单位	原产地	类型	花色	生育日数（d）	株高（cm）
535	200752	奥罗	2007	黑龙江农垦总局北安农科所	荷兰	纤	蓝	66.00	70.80
536	200753	DINA	2007	黑龙江农垦总局北安农科所	荷兰	纤	蓝	66.67	68.50
537	200754	OPALINE	2007	黑龙江农垦总局北安农科所	荷兰	纤	蓝	66.67	77.80
538	200755	MODRAN（2）	2007	黑龙江农垦总局北安农科所	荷兰	纤	蓝	65.67	79.50
539	200756	EVELIN（2）	2007	黑龙江农垦总局北安农科所	荷兰	纤	蓝	66.67	76.00
540	200757	MARYLIN（2）	2007	黑龙江农垦总局北安农科所	荷兰	纤	蓝	66.00	68.60
541	200758	LAURA	2007	黑龙江农垦总局北安农科所	荷兰	纤	蓝	66.00	81.60
542	200801	06-2034	2008	黑龙江省科学院大庆分院亚麻综合利用研究所	黑龙江双城	纤	蓝	68.34	85.70
543	200802	06-2094	2008	黑龙江省科学院大庆分院亚麻综合利用研究所	黑龙江双城	纤	蓝	67.33	91.50
544	200803	06-2144	2008	黑龙江省科学院大庆分院亚麻综合利用研究所	黑龙江双城	纤	蓝	65.33	73.90
545	200804	06-2194	2008	黑龙江省科学院大庆分院亚麻综合利用研究所	黑龙江双城	纤	蓝	66.33	73.70
546	200806	06-2284	2008	黑龙江省科学院大庆分院亚麻综合利用研究所	黑龙江双城	纤	蓝	66.33	76.00
547	200807	06-2477	2008	黑龙江省科学院大庆分院亚麻综合利用研究所	黑龙江双城	纤	蓝	67.33	71.20
548	200808	06-2561	2008	黑龙江省科学院大庆分院亚麻综合利用研究所	黑龙江双城	纤	蓝	66.67	66.50
549	200809	06-2637	2008	黑龙江省科学院大庆分院亚麻综合利用研究所	黑龙江双城	纤	蓝	65.67	77.00
550	200810	06-2694	2008	黑龙江省科学院大庆分院亚麻综合利用研究所	黑龙江双城	纤	蓝	67.33	74.80

（续表）

工艺长 （cm）	分枝数 （个）	蒴果数 （个）	千粒重 （g）	种皮色	抗倒伏性 （级）	白粉病 （级）	抗旱性 （级）	种子产量 （kg/hm²）	原茎产量 （kg/hm²）	全纤维产量 （kg/hm²）	全麻率 （%）
55.30	4.40	6.50	4.90	褐色	0.00	轻	抗	1 591.95	4 461.30	1 353.30	34.18
53.60	4.50	5.80	4.80	褐色	0.50	轻	抗	958.50	4 444.65	1 515.30	37.91
63.50	3.80	4.90	5.10	褐色	0.50	轻	抗	1 155.30	5 128.05	1 460.70	32.56
63.80	3.40	6.70	4.40	褐色	0.70	轻	抗	1 588.05	5 078.10	1 410.90	31.13
59.40	4.10	5.80	4.90	褐色	0.50	轻	中	1 758.75	4 939.20	1 510.80	34.40
51.10	4.70	6.30	4.40	褐色	0.20	轻	抗	1 006.65	4 811.40	1 610.40	37.34
64.70	4.30	7.30	4.30	褐色	0.00	中	抗	1 359.60	4 861.35	1 366.80	32.40
72.30	3.70	6.72	4.28	褐色	0.00	轻	抗	1 204.50	4 972.60	1 378.50	28.65
75.30	4.60	6.70	4.60	褐色	0.90	无	中	1 413.15	5 566.95	1 438.95	29.63
59.50	4.10	4.20	4.90	褐色	0.80	无	抗	1 480.65	4 894.65	1 494.75	35.04
61.20	3.50	4.50	4.80	褐色	0.50	无	抗	1 585.05	5 239.20	1 643.85	37.56
61.60	4.40	6.30	4.70	褐色	0.60	无	抗	1 537.05	4 633.50	1 480.95	36.65
59.60	3.20	3.40	4.60	褐色	0.30	无	抗	1 333.50	5 061.30	1 410.15	31.93
53.30	3.50	4.30	4.80	褐色	0.50	无	抗	1 450.20	4 300.20	1 131.30	29.92
64.70	3.50	4.40	4.80	褐色	0.60	无	抗	1 404.90	4 816.95	1 488.90	34.93
61.30	2.30	2.80	5.30	褐色	0.80	无	抗	1 480.80	5 028.00	1 560.90	34.90

序号	库编号	名称	引入时间	引进单位	原产地	类型	花色	生育日数（d）	株高（cm）
551	200811	06-2734	2008	黑龙江省科学院大庆分院亚麻综合利用研究所	黑龙江双城	纤	蓝	67.33	79.10
552	200812	06-2131	2008	黑龙江省科学院大庆分院亚麻综合利用研究所	黑龙江双城	纤	蓝	68.00	81.80
553	200814	06-2690	2008	黑龙江省科学院大庆分院亚麻综合利用研究所	黑龙江双城	纤	蓝	67.00	72.00
554	200901	89259	2009	张家口市农业科学院	河北张家口	油	蓝	70.67	63.60
555	200902	9143	2009	张家口市坝上农业科学研究所	河北张家口	油	蓝	71.00	68.40
556	200903	坝亚7号	2009	张家口市坝上农业科学研究所	河北张家口	油	蓝	70.67	59.40
557	200904	71	2009	张家口市农业科学院	河北张家口	油	蓝	79.00	77.60
558	200905	91421	2009	张家口市农业科学院	河北张家口	油	蓝	79.00	72.10
559	200906	144	2009	张家口市农业科学院	河北张家口	油	蓝	78.67	72.10
560	200907	晋亚7号	2009	山西省农业科学院高寒区作物研究所	山西	油	蓝	78.33	65.50
561	200908	宁亚17号	2009	宁夏回族自治区固原市农业科学研究所	宁夏固原	油纤	蓝	78.00	75.50
562	200909	陇亚8号	2009	甘肃省农业科学院经济作物研究所	甘肃	油纤	蓝	77.67	70.30
563	200910	CDCArras	2009	甘肃省农业科学院经济作物研究所	甘肃	油纤	蓝	76.00	69.60
564	200911	Vinjing	2009	甘肃省农业科学院经济作物研究所	甘肃	纤	蓝	73.67	85.80
565	200912	AcWatson	2009	甘肃省农业科学院经济作物研究所	甘肃	油纤	蓝	70.67	63.60
566	200913	AcEmerson	2009	甘肃省农业科学院经济作物研究所	甘肃	油纤	蓝	70.33	61.00

（续表）

工艺长（cm）	分枝数（个）	蒴果数（个）	千粒重（g）	种皮色	抗倒伏性（级）	白粉病（级）	抗旱性（级）	种子产量（kg/hm²）	原茎产量（kg/hm²）	全纤维产量（kg/hm²）	全麻率（%）
74.40	3.60	5.30	5.40	褐色	0.30	无	抗	1 428.75	4 884.75	1 443.30	32.83
70.00	3.30	4.40	5.10	褐色	0.60	无	抗	1 429.65	5 139.15	1 329.60	29.70
58.70	4.10	5.80	5.10	褐色	1.72	无	抗	1 513.80	5 400.30	1 682.85	35.36
50.10	5.70	7.90	6.80	褐色	0.90	无	抗	1 889.40	3 972.45	974.25	27.25
51.90	4.90	9.80	7.30	褐色	0.75	无	抗	1 677.60	4 150.20	846.60	12.66
50.10	4.20	4.80	6.80	褐色	0.70	无	中	1 589.70	3 427.95	865.35	13.67
45.50	4.30	11.70	6.38	褐色	1.50	无	抗	570.45	6 258.75	1 225.65	13.58
51.70	5.10	9.90	5.68	褐色	0.75	无	抗	863.25	5 680.65	1 092.00	13.51
49.30	4.40	9.40	5.08	褐色	0.00	无	抗	1 067.70	5 791.80	1 000.20	10.94
48.00	4.20	6.40	5.52	褐色	1.00	无	抗	651.60	5 502.75	949.20	11.17
47.2	5.70	9.50	7.18	褐	1.50	无	抗	592.95	5 458.35	1 002.27	18.97
52.00	4.90	8.60	5.26	褐	1.50	中	抗	572.40	5 480.55	1 015.65	21.19
47.30	4.90	13.80	5.36	褐色	0.50	无	中	1 453.65	4 846.80	1 015.65	25.48
68.10	3.70	5.30	4.80	褐色	0.00	无	中	1 179.30	7 181.40	1 926.90	31.71
41.60	5.40	14.50	5.32	褐色	0.00	无	抗	1 700.10	4 291.05	942.45	25.86
39.10	3.80	8.50	5.40	褐色	0.00	无	抗	1 596.00	5 402.7	1 155.60	26.10

序号	库编号	名称	引入时间	引进单位	原产地	类型	花色	生育日数（d）	株高（cm）
567	200914	899-5	2009	甘肃省农业科学院经济作物研究所	甘肃	油纤	蓝	77.33	72.10
568	200915	91-35	2009	甘肃省农业科学院经济作物研究所	甘肃	油纤	蓝	78.33	80.90
569	200916	陇亚10号	2009	甘肃省农业科学院经济作物研究所	甘肃	油纤	蓝	78.67	79.90
570	200917	96141W-1	2009	张家口市农业科学院	河北张家口	纤	白	75.67	71.90
571	200918	95-55	2009	张家口市农业科学院	河北张家口	纤	蓝	77.67	67.50
572	200919	hy-27	2009	张家口市农业科学院	河北张家口	纤	蓝	71.33	71.20
573	200920	不育系s1	2009	张家口市农业科学院	河北张家口	纤	蓝	76.00	101.30
574	201001	07-1111	2010	黑龙江省科学院大庆分院亚麻综合利用研究所	黑龙江双城	纤	蓝	78.00	101.40
575	201002	07-1126	2010	黑龙江省科学院大庆分院亚麻综合利用研究所	黑龙江双城	纤	蓝	76.67	99.70
576	201003	07-1264	2010	黑龙江省科学院大庆分院亚麻综合利用研究所	黑龙江双城	纤	蓝	78.00	99.30
577	201004	07-1266	2010	黑龙江省科学院大庆分院亚麻综合利用研究所	黑龙江双城	纤	蓝	77.67	98.80
578	201005	07-1767	2010	黑龙江省科学院大庆分院亚麻综合利用研究所	黑龙江双城	纤	蓝	75.00	101.00
579	201006	07-1877	2010	黑龙江省科学院大庆分院亚麻综合利用研究所	黑龙江双城	纤	蓝	75.00	98.50
580	201007	07-1919	2010	黑龙江省科学院大庆分院亚麻综合利用研究所	黑龙江双城	纤	蓝	75.33	98.40
581	201008	07-1043	2010	黑龙江省科学院大庆分院亚麻综合利用研究所	黑龙江双城	纤	蓝	72.67	91.80
582	201009	07-1048	2010	黑龙江省科学院大庆分院亚麻综合利用研究所	黑龙江双城	纤	蓝	76.67	85.90

（续表）

工艺长 （cm）	分枝数 （个）	蒴果数 （个）	千粒重 （g）	种皮色	抗倒伏性 （级）	白粉病 （级）	抗旱性 （级）	种子产量 （kg/hm²）	原茎产量 （kg/hm²）	全纤维产量 （kg/hm²）	全麻率 （%）
44.40	6.00	17.80	6.48	黄色	2.00	无	抗	104.40	2 923.65	492.90	20.93
56.00	4.60	10.10	6.68	褐色	1.25	无	抗	828.15	6 625.50	1 490.55	27.06
51.10	4.40	8.00	7.16	褐色	2.00	无	抗	627.15	6 336.45	1 203.45	22.88
45.40	6.90	18.90	6.18	褐色	1.00	无	抗	395.85	5 713.95	1 115.40	23.61
53.20	5.30	8.80	5.74	褐色	1.00	无	抗	402.45	5 591.7	1 205.10	25.84
43.10	5.70	10.60	5.10	黄色	0.00	无	抗	1 845.00	5 413.80	1 226.70	27.16
80.70	5.20	6.60	5.70	黄褐	2.00	重	抗	486.45	5 180.40	1 012.65	23.93
76.30	6.40	8.70	4.12	褐色	0.50	重	抗	570.30	8 004.00	1 679.70	25.56
78.30	5.20	7.80	3.66	褐色	1.80	重	抗	254.70	7 837.20	1 552.95	24.70
76.80	4.70	5.00	3.78	褐色	1.00	重	抗	403.05	7 948.35	1 743.30	26.53
71.10	4.80	4.70	3.96	褐色	1.00	无	抗	362.40	8 081.85	1 705.80	25.63
82.20	5.20	6.30	4.66	褐色	0.00	重	中	831.00	9 160.20	2 034.60	26.48
79.60	5.40	5.50	4.02	褐色	0.50	无	抗	534.00	7 826.10	1 661.10	25.71
73.10	4.70	8.30	4.48	褐色	0.00	重	抗	478.5	8 070.75	1 708.80	25.41
70.20	4.90	6.80	3.50	褐色	0.50	中	抗	348.90	7 503.75	1 819.80	28.97
61.70	3.60	6.10	3.14	褐色	1.50	无	中	207.60	7 236.90	1 858.20	31.19

序号	库编号	名称	引入时间	引进单位	原产地	类型	花色	生育日数（d）	株高（cm）
583	201010	07-1054	2010	黑龙江省科学院大庆分院亚麻综合利用研究所	黑龙江双城	纤	蓝	75.33	91.70
584	201011	07-1065	2010	黑龙江省科学院大庆分院亚麻综合利用研究所	黑龙江双城	纤	蓝	75.67	103.50
585	201012	07-1095	2010	黑龙江省科学院大庆分院亚麻综合利用研究所	黑龙江双城	纤	蓝	76.00	106.30
586	201013	07-1156	2010	黑龙江省科学院大庆分院亚麻综合利用研究所	黑龙江双城	纤	蓝	75.67	101.50
587	201014	07-1236	2010	黑龙江省科学院大庆分院亚麻综合利用研究所	黑龙江双城	纤	蓝	71.00	70.30
588	201015	07-1254	2010	黑龙江省科学院大庆分院亚麻综合利用研究所	黑龙江双城	纤	蓝	73.67	103.30
589	201016	07-1269	2010	黑龙江省科学院大庆分院亚麻综合利用研究所	黑龙江双城	纤	蓝	76.33	103.60
590	201017	07-1274	2010	黑龙江省科学院大庆分院亚麻综合利用研究所	黑龙江双城	纤	蓝	76.00	97.80
591	201018	07-1304	2010	黑龙江省科学院大庆分院亚麻综合利用研究所	黑龙江双城	纤	蓝	77.33	107.60
592	201019	07-1312	2010	黑龙江省科学院大庆分院亚麻综合利用研究所	黑龙江双城	纤	蓝	73.00	95.20
593	201020	07-1317	2010	黑龙江省科学院大庆分院亚麻综合利用研究所	黑龙江双城	纤	蓝	73.67	94.10
594	201021	07-1321	2010	黑龙江省科学院大庆分院亚麻综合利用研究所	黑龙江双城	纤	蓝	73.67	93.90
595	201022	07-1326	2010	黑龙江省科学院大庆分院亚麻综合利用研究所	黑龙江双城	纤	蓝	74.67	105.10
596	201023	07-1334	2010	黑龙江省科学院大庆分院亚麻综合利用研究所	黑龙江双城	纤	蓝	75.00	101.90
597	201024	07-1337	2010	黑龙江省科学院大庆分院亚麻综合利用研究所	黑龙江双城	纤	蓝	74.67	95.40
598	201025	07-1345	2010	黑龙江省科学院大庆分院亚麻综合利用研究所	黑龙江双城	纤	蓝	75.67	104.60

（续表）

工艺长（cm）	分枝数（个）	蒴果数（个）	千粒重（g）	种皮色	抗倒伏性（级）	白粉病（级）	抗旱性（级）	种子产量（kg/hm²）	原茎产量（kg/hm²）	全纤维产量（kg/hm²）	全麻率（%）
70.10	4.70	6.80	4.06	褐色	0.25	无	中	738.15	7 525.95	1 971.00	31.46
78.30	6.20	9.00	4.00	褐色	0.50	无	抗	650.85	7 114.65	1 959.45	33.29
83.90	5.30	6.10	4.36	褐色	0.50	无	抗	803.25	8 437.50	1 962.15	28.22
67.00	5.70	10.40	4.08	褐色	0.00	无	抗	752.10	8 848.80	1 936.05	26.18
46.20	5.50	8.30	3.80	褐色	0.00	无	抗	588.30	5 947.35	1 380.30	27.14
72.30	5.40	12.00	3.90	褐色	1.00	无	抗	672.75	7 915.05	1 826.55	28.18
80.30	5.40	8.80	3.52	褐色	1.25	无	抗	308.25	7 726.05	1 809.45	28.48
77.70	4.30	6.40	3.74	褐色	1.25	无	抗	510.30	7 537.05	1 817.70	29.17
77.40	6.80	15.60	4.40	褐色	1.00	无	抗	483.90	9 071.25	2 063.85	27.79
71.10	5.60	11.40	4.66	褐色	0.00	重	抗	703.35	7 903.95	1 782.60	27.08
71.20	5.70	9.10	4.80	褐色	0.50	重	抗	764.85	8 370.90	1 870.65	27.30
74.00	4.30	7.00	4.82	褐色	0.00	重	抗	739.95	7 325.85	1 646.25	26.89
85.10	5.40	7.10	4.38	褐色	0.50	重	抗	680.40	9 604.80	2 091.75	25.82
76.60	5.70	11.50	4.46	褐色	0.50	无	抗	725.10	8 459.85	1 802.55	25.96
77.10	5.10	6.10	4.04	褐色	1.00	重	中	670.95	8 793.30	2 274.00	31.07
76.30	5.80	12.10	3.96	褐色	1.25	无	抗	508.35	6 892.35	1 786.95	31.06

序号	库编号	名称	引入时间	引进单位	原产地	类型	花色	生育日数（d）	株高（cm）
599	201026	07-1352	2010	黑龙江省科学院大庆分院亚麻综合利用研究所	黑龙江双城	纤	蓝	74.00	103.10
600	201027	07-1357	2010	黑龙江省科学院大庆分院亚麻综合利用研究所	黑龙江双城	纤	蓝	73.67	98.60
601	201028	07-1388	2010	黑龙江省科学院大庆分院亚麻综合利用研究所	黑龙江双城	纤	蓝	77.33	111.60
602	201030	07-1444	2010	黑龙江省科学院大庆分院亚麻综合利用研究所	黑龙江双城	纤	蓝	74.33	99.20
603	201031	07-1518	2010	黑龙江省科学院大庆分院亚麻综合利用研究所	黑龙江双城	纤	蓝	75.67	99.00
604	201032	07-1547	2010	黑龙江省科学院大庆分院亚麻综合利用研究所	黑龙江双城	纤	蓝	78.67	98.60
605	201033	07-1571	2010	黑龙江省科学院大庆分院亚麻综合利用研究所	黑龙江双城	纤	蓝	74.67	94.70
606	201034	07-1593	2010	黑龙江省科学院大庆分院亚麻综合利用研究所	黑龙江双城	纤	蓝	70.33	99.40
607	201035	07-1601	2010	黑龙江省科学院大庆分院亚麻综合利用研究所	黑龙江双城	纤	蓝	77.33	108.00
608	201036	07-1626	2010	黑龙江省科学院大庆分院亚麻综合利用研究所	黑龙江双城	纤	蓝	77.00	102.10
609	201037	07-1633	2010	黑龙江省科学院大庆分院亚麻综合利用研究所	黑龙江双城	纤	蓝	76.67	102.80
610	201038	07-1636	2010	黑龙江省科学院大庆分院亚麻综合利用研究所	黑龙江双城	纤	蓝	79.33	104.30
611	201039	07-1655	2010	黑龙江省科学院大庆分院亚麻综合利用研究所	黑龙江双城	纤	蓝	77.67	107.40
612	201040	07-1684	2010	黑龙江省科学院大庆分院亚麻综合利用研究所	黑龙江双城	纤	蓝	79.00	99.40
613	201041	07-1688	2010	黑龙江省科学院大庆分院亚麻综合利用研究所	黑龙江双城	纤	蓝	79.00	105.30
614	201042	07-1699	2010	黑龙江省科学院大庆分院亚麻综合利用研究所	黑龙江双城	纤	蓝	78.67	96.80

（续表）

工艺长（cm）	分枝数（个）	蒴果数（个）	千粒重（g）	种皮色	抗倒伏性（级）	白粉病（级）	抗旱性（级）	种子产量（kg/hm²）	原茎产量（kg/hm²）	全纤维产量（kg/hm²）	全麻率（%）
83.40	5.50	6.80	4.00	褐色	1.00	重	抗	690.15	8 315.25	2 117.10	30.51
75.80	5.40	9.00	4.06	褐色	0.75	重	抗	657.00	7 525.95	1 965.90	30.50
88.60	5.20	6.30	3.48	褐色	0.50	无	抗	382.05	9 804.90	2 306.55	28.52
78.20	4.70	6.10	4.02	褐色	0.50	无	抗	676.65	7 748.25	2 014.05	31.03
75.90	4.90	4.70	4.70	褐色	0.00	无	抗	764.25	7 181.40	1 502.40	25.41
75.50	4.90	5.50	3.50	褐色	1.50	无	抗	199.95	6 825.60	1 593.90	28.76
78.50	3.80	6.60	4.16	褐色	0.00	无	抗	936.15	8 159.70	2 178.30	32.16
76.30	5.70	9.00	3.58	褐色	0.50	中	抗	490.20	8 715.45	2 140.65	29.33
87.60	4.90	7.00	3.62	褐色	2.00	无	抗	144.75	7 670.55	1 462.95	22.79
71.80	6.10	11.30	4.54	褐色	1.00	无	抗	532.65	6 859.05	1 469.40	26.05
77.40	5.80	9.40	4.04	褐色	0.00	无	抗	444.30	7 626.00	1 832.40	28.42
74.70	6.30	13.50	3.40	褐色	1.00	中	抗	257.55	7 748.25	1 900.95	29.40
79.50	4.70	9.70	2.98	褐色	2.00	重	抗	382.05	8 259.75	1 741.05	24.76
73.80	4.50	6.50	3.20	褐色	1.00	无	抗	472.95	8 048.40	1 959.00	28.68
81.70	4.80	7.20	3.32	褐色	2.00	无	抗	369.90	7 826.10	1 863.75	28.00
68.60	5.50	13.60	3.96	褐色	0.50	无	抗	694.20	7 648.20	1 694.40	26.52

序号	库编号	名称	引入时间	引进单位	原产地	类型	花色	生育日数（d）	株高（cm）
615	201043	07-1705	2010	黑龙江省科学院大庆分院亚麻综合利用研究所	黑龙江双城	纤	蓝	79.00	100.10
616	201044	07-1719	2010	黑龙江省科学院大庆分院亚麻综合利用研究所	黑龙江双城	纤	蓝	79.33	103.20
617	201045	07-1723	2010	黑龙江省科学院大庆分院亚麻综合利用研究所	黑龙江双城	纤	蓝	78.67	96.50
618	201046	07-1726	2010	黑龙江省科学院大庆分院亚麻综合利用研究所	黑龙江双城	纤	蓝	79.00	113.90
619	201047	07-1732	2010	黑龙江省科学院大庆分院亚麻综合利用研究所	黑龙江双城	纤	蓝	77.00	98.30
620	201048	07-1748	2010	黑龙江省科学院大庆分院亚麻综合利用研究所	黑龙江双城	纤	蓝	76.00	97.40
621	201049	07-1751	2010	黑龙江省科学院大庆分院亚麻综合利用研究所	黑龙江双城	纤	蓝	77.67	101.40
622	201050	07-1759	2010	黑龙江省科学院大庆分院亚麻综合利用研究所	黑龙江双城	纤	蓝	69.00	93.50
623	201051	07-1763	2010	黑龙江省科学院大庆分院亚麻综合利用研究所	黑龙江双城	纤	蓝	75.00	89.00
624	201052	07-1798	2010	黑龙江省科学院大庆分院亚麻综合利用研究所	黑龙江双城	纤	蓝	74.67	107.6
625	201053	07-1847	2010	黑龙江省科学院大庆分院亚麻综合利用研究所	黑龙江双城	纤	蓝	73.00	94.50
626	201054	07-1853	2010	黑龙江省科学院大庆分院亚麻综合利用研究所	黑龙江双城	纤	蓝	75.00	98.40
627	201055	07-1891	2010	黑龙江省科学院大庆分院亚麻综合利用研究所	黑龙江双城	纤	蓝	77.00	104.0
628	201056	07-1956	2010	黑龙江省科学院大庆分院亚麻综合利用研究所	黑龙江双城	纤	蓝	75.67	90.60
629	201057	07-1961	2010	黑龙江省科学院大庆分院亚麻综合利用研究所	黑龙江双城	纤	蓝	77.00	88.30
630	201058	07-1991	2010	黑龙江省科学院大庆分院亚麻综合利用研究所	黑龙江双城	纤	蓝	77.00	109.4

（续表）

工艺长 （cm）	分枝数 （个）	蒴果数 （个）	千粒重 （g）	种皮色	抗倒伏性 （级）	白粉病 （级）	抗旱性 （级）	种子产量 （kg/hm²）	原茎产量 （kg/hm²）	全纤维产量 （kg/hm²）	全麻率 （%）
77.10	5.40	8.80	4.14	褐色	1.00	无	抗	331.95	8 860.05	1 864.80	24.94
82.40	5.60	8.40	3.52	褐色	0.50	无	抗	454.50	8 882.25	2 323.80	31.56
80.00	4.40	7.00	3.64	褐色	1.00	无	抗	437.25	7 648.20	1 955.10	30.58
90.70	5.00	12.40	3.08	褐色	0.50	中	抗	443.55	9 037.80	2 110.05	27.70
80.00	4.60	8.30	3.82	褐色	0.00	中	抗	788.40	8 748.75	2 171.10	29.12
86.60	5.60	10.80	3.84	褐色	0.50	中	抗	578.85	8 682.15	2 090.55	28.72
83.60	4.20	5.70	3.66	褐色	1.00	无	抗	429.75	8 159.70	2 070.00	30.64
71.00	5.20	9.50	3.96	褐色	0.50	无	抗	562.35	7 159.20	1 719.45	28.46
69.00	3.60	7.40	4.18	褐色	1.00	重	抗	552.75	7 336.95	1 893.75	30.51
83.80	6.60	11.50	3.56	褐色	2.00	无	抗	281.10	7 626.00	1 468.05	23.48
74.90	4.90	6.70	4.28	褐色	0.00	无	抗	708.60	6 570.00	1 475.10	27.29
77.80	5.20	7.30	3.76	褐色	0.50	无	抗	735.00	8 026.20	1 850.25	27.33
83.50	5.40	9.30	3.88	褐色	1.00	中	抗	356.85	8 882.25	1 801.05	23.99
65.10	4.20	9.80	3.98	褐色	1.00	中	抗	462.15	7 036.80	1 819.20	31.08
68.70	3.30	5.20	3.86	褐色	1.00	无	抗	380.10	6 992.40	1 731.60	30.10
85.70	5.40	7.90	3.74	褐色	1.00	无	抗	243.75	8 126.25	1 596.60	23.56

序号	库编号	名称	引入时间	引进单位	原产地	类型	花色	生育日数（d）	株高（cm）
631	201059	07-2057	2010	黑龙江省科学院大庆分院亚麻综合利用研究所	黑龙江双城	纤	蓝	75.33	104.5
632	201060	宁亚14号	2010	宁夏回族自治区固原市农业科学研究所	宁夏固原	油纤	蓝	76.00	80.90
633	201061	宁亚15号	2010	宁夏回族自治区固原市农业科学研究所	宁夏固原	油纤	蓝	77.00	77.80
634	201062	宁亚16号	2010	宁夏回族自治区固原市农业科学研究所	宁夏固原	油纤	蓝	75.67	80.50
635	201063	宁亚17号	2010	宁夏回族自治区固原市农业科学研究所	宁夏固原	油纤	蓝	76.00	79.20
636	201064	L09-78	2010	宁夏回族自治区固原市农业科学研究所	宁夏固原	油纤	蓝	70.00	69.20
637	201065	L09-131	2010	宁夏回族自治区固原市农业科学研究所	宁夏固原	油纤	蓝	70.00	74.10
638	201066	L09-426	2010	宁夏回族自治区固原市农业科学研究所	宁夏固原	油纤	蓝	76.33	65.20
639	201067	5049	2010	宁夏回族自治区固原市农业科学研究所	宁夏固原	油纤	蓝	70.00	83.20
640	201068	5078	2010	宁夏回族自治区固原市农业科学研究所	宁夏固原	油纤	深紫	69.33	72.20
641	201069	6404-610	2010	宁夏回族自治区固原市农业科学研究所	宁夏固原	纤	白	72.67	102.80
642	201070	p551 24800	2010	宁夏回族自治区固原市农业科学研究所	宁夏固原	纤	蓝	70.33	98.40
643	201101	Hmeres	2010	赴法国考察团	法国	纤	蓝	75.00	84.90
644	201102	Aorgos	2010	赴法国考察团	法国	纤	蓝	75.33	91.50
645	201103	尾亚1号	2010	黑龙江尾山农场	黑龙江尾山	纤	蓝	75.33	86.10
646	201104	尾亚2号	2010	黑龙江尾山农场	黑龙江尾山	纤	蓝	75.33	83.70
647	201105	WS10-1	2010	黑龙江尾山农场	黑龙江尾山	纤	蓝	77.00	90.30

（续表）

工艺长 （cm）	分枝数 （个）	蒴果数 （个）	千粒重 （g）	种皮色	抗倒伏性 （级）	白粉病 （级）	抗旱性 （级）	种子产量 （kg/hm²）	原茎产量 （kg/hm²）	全纤维产量 （kg/hm²）	全麻率 （%）
79.30	5.90	10.40	4.06	褐色	0.00	无	抗	614.70	7 792.80	1 654.80	25.16
59.40	4.90	10.30	4.08	褐色	2.00	中	抗	249.90	5 536.05	958.20	20.66
56.60	5.00	10.10	5.40	褐色	3.00	中	抗	451.80	5 925.15	959.85	19.44
60.40	4.60	11.30	5.42	褐色	3.00	中	抗	305.85	5 791.80	951.90	20.45
52.50	6.60	12.40	6.34	褐色	2.00	中	抗	366.90	6 336.45	1 392.60	22.07
46.20	4.70	11.10	3.64	褐色	0.50	中	抗	1 053.90	5 058.15	956.25	22.75
49.60	4.90	12.90	4.08	褐色	1.00	重	抗	825.30	5 391.60	1 159.65	25.43
46.80	5.20	10.60	5.00	褐色	1.00	无	抗	806.70	5 358.30	934.95	21.33
62.20	5.50	10.80	4.20	褐色	2.00	中	中	687.45	5 891.85	1 164.30	24.27
55.30	5.50	15.60	4.06	褐色	1.00	中	中	858.75	4 468.95	881.10	23.21
78.00	4.50	9.10	4.06	褐色	0.50	无	抗	899.70	8 648.70	1 915.95	26.17
76.30	4.00	5.80	4.06	褐色	2.00	无	中	754.65	9 004.50	2 108.25	27.27
63.30	4.50	9.80	4.20	褐色	0.00	重	中	807.75	7 092.45	1 879.50	31.25
70.80	4.10	8.80	3.98	褐色	0.50	重	抗	646.05	7 637.10	2 010.60	31.66
60.50	4.10	10.20	3.52	褐色	1.00	重	抗	448.05	6 003.00	1 593.15	31.37
60.20	3.90	7.30	4.00	褐色	0.00	重	抗	802.05	6 859.05	1 950.45	32.31
68.30	4.60	7.90	4.68	褐色	0.00	中	抗	746.25	7 703.85	1 806.90	27.63

序号	库编号	名称	引入时间	引进单位	原产地	类型	花色	生育日数（d）	株高（cm）
648	201201	KVL5008	2012	中国农业科学院麻类研究所	瑞典	纤	蓝	74.33	81.60
649	201202	SV81442025	2012	中国农业科学院麻类研究所	瑞典	纤	蓝	75.33	86.50
650	201203	SV81442033	2012	中国农业科学院麻类研究所	瑞典	纤	白	77.00	98.40
651	201204	KVL5042	2012	中国农业科学院麻类研究所	瑞典	油纤	蓝	69.33	77.60
652	201205	Vast lans latland	2012	中国农业科学院麻类研究所	瑞典	油纤	蓝	69.00	65.10
653	201206	KVL5011	2012	中国农业科学院麻类研究所	瑞典	油纤	蓝	76.00	72.70
654	201207	SV65066，80-41018	2012	中国农业科学院麻类研究所	瑞典	纤	蓝	77.00	92.90
655	201208	KVL5040	2012	中国农业科学院麻类研究所	瑞典	纤	蓝	70.33	94.00
656	201209	Texa	2012	中国农业科学院麻类研究所	捷克	纤	蓝	69.67	83.00
657	201210	Artemida	2012	中国农业科学院麻类研究所	波兰	纤	蓝	71.67	79.10
658	201211	Wiko	2012	中国农业科学院麻类研究所	波兰	纤	蓝	76.00	92.70
659	201212	KVL5037	2012	中国农业科学院麻类研究所	瑞典	纤	蓝	69.00	93.70
660	201213	SO 41019	2012	中国农业科学院麻类研究所	瑞典	纤	蓝	68.33	79.60
661	201214	Moilevskiy* Vspekh 87	2012	中国农业科学院麻类研究所	法国	纤	蓝	73.00	83.30
662	201215	Moilevskiy* Baltoucha	2012	中国农业科学院麻类研究所	俄罗斯	纤	蓝	72.00	89.20
663	201216	Yubilevniy* Belinka	2012	中国农业科学院麻类研究所	俄罗斯	纤	白	76.67	91.60

（续表）

工艺长 （cm）	分枝数 （个）	蒴果数 （个）	千粒重 （g）	种皮色	抗倒伏性 （级）	白粉病 （级）	抗旱性 （级）	种子产量 （kg/hm²）	原茎产量 （kg/hm²）	全纤维产量 （kg/hm²）	全麻率 （%）
59.40	5.20	14.10	3.78	褐色	2.00	无	抗	490.65	6 158.70	1 273.05	24.88
62.80	6.50	13.30	4.86	褐色	1.00	无	抗	719.70	5 069.25	1 008.90	23.31
75.10	4.00	9.10	3.80	褐色	0.50	中	抗	784.05	7 737.15	1 706.55	25.90
55.40	5.20	9.90	3.60	褐色	2.00	无	抗	636.90	4 802.40	1 004.40	25.25
48.30	3.90	7.30	3.82	褐色	1.00	中	抗	746.10	5 146.95	1 045.05	24.03
49.00	4.80	10.70	3.80	褐色	2.00	重	抗	537.45	4 824.60	1 025.10	25.54
69.90	4.30	8.20	4.10	褐色	1.00	重	抗	686.40	7 525.95	1 527.60	23.63
71.30	4.50	8.10	3.90	褐色	2.00	轻	抗	825.30	6 180.90	1 132.05	21.93
62.40	5.60	10.90	4.22	褐色	0.50	重	抗	1 019.85	5 069.25	1 272.00	30.25
58.20	5.20	9.40	4.12	褐色	0.50	轻	抗	974.40	5 602.80	1 415.25	30.28
67.30	4.40	11.40	3.74	褐色	2.00	轻	抗	1 180.95	6 447.60	1 440.90	27.26
64.10	5.70	15.20	4.04	褐色	1.00	中	抗	734.40	4 424.40	900.00	25.05
57.50	5.30	10.40	4.36	褐色	1.00	无	中	662.85	5 291.55	1 326.90	29.93
60.60	5.30	13.60	3.68	褐色	0.50	中	抗	797.40	5 625.00	1 359.45	28.81
60.90	5.40	10.90	3.64	褐色	1.00	中	抗	550.50	5 091.45	1 352.85	31.81
61.00	6.50	15.10	3.70	褐色	0.00	重	抗	492.60	6 303.15	1 518.15	28.90

序号	库编号	名称	引入时间	引进单位	原产地	类型	花色	生育日数（d）	株高（cm）
664	201217	Tomskiy16* Vspekh 87	2012	中国农业科学院麻类研究所	俄罗斯	纤	蓝	78.00	96.20
665	201218	Kiev* Vspekh 87	2012	中国农业科学院麻类研究所	俄罗斯	纤	蓝	71.33	93.10
666	201219	Kiev* Yubilevniy	2012	中国农业科学院麻类研究所	俄罗斯	纤	蓝	71.67	90.70
667	201220	Orshanskiy* Belotchka	2012	中国农业科学院麻类研究所	俄罗斯	纤	白	71.67	91.50
668	201221	Dashkovski* Belotchka	2012	中国农业科学院麻类研究所	俄罗斯	纤	白	69.67	89.90
669	201222	Sai, do* Moilevskiy	2012	中国农业科学院麻类研究所	俄罗斯	纤	蓝	77.00	98.90
670	201223	Sai, do*Rodnik	2012	中国农业科学院麻类研究所	俄罗斯	纤	蓝	78.00	100.90
671	201224	Sai, do*Zapadni	2012	中国农业科学院麻类研究所	俄罗斯	纤	蓝	70.00	99.90
672	201225	Sai, do*Belinka	2012	中国农业科学院麻类研究所	俄罗斯	纤	蓝	77.00	96.20
673	201226	Belinka* Pskovski 359	2012	中国农业科学院麻类研究所	俄罗斯	纤	蓝	75.67	96.00
674	201227	TOPNN水 OKCK4*Belinka	2012	中国农业科学院麻类研究所	俄罗斯	纤	白	74.33	89.00
675	201228	Belinka* Dashkovski	2012	中国农业科学院麻类研究所	俄罗斯	纤	白	76.00	99.30
676	201229	Smolenskiy G4918*Aoyagi	2012	中国农业科学院麻类研究所	俄罗斯	纤	蓝	73.33	87.60
677	201230	K-6*Belinka	2012	中国农业科学院麻类研究所	俄罗斯	纤	蓝	75.00	95.20
678	201231	Dashkovskiy* Belinka	2012	中国农业科学院麻类研究所	俄罗斯	纤	蓝	73.33	89.10
679	201232	Sal, do*Zara	2012	中国农业科学院麻类研究所	俄罗斯	纤	蓝	78.67	95.90

（续表）

工艺长 （cm）	分枝数 （个）	蒴果数 （个）	千粒重 （g）	种皮色	抗倒伏性 （级）	白粉病 （级）	抗旱性 （级）	种子产量 （kg/hm²）	原茎产量 （kg/hm²）	全纤维产量 （kg/hm²）	全麻率 （%）
62.00	5.70	18.80	3.82	褐色	1.00	轻	抗	722.10	3 490.65	665.85	23.22
72.90	4.40	10.30	3.74	褐色	1.00	中	抗	521.55	6 625.50	1 448.25	26.74
69.30	5.10	12.90	3.74	褐色	1.00	无	抗	568.80	5 680.65	1 285.95	27.12
64.40	5.70	14.50	3.60	褐色	0.50	中	抗	987.60	5 280.45	1 098.75	24.50
66.10	5.60	10.00	3.64	褐色	0.50	中	抗	1 184.40	5 725.05	1 395.15	28.91
75.20	4.80	10.30	3.60	褐色	1.00	无	抗	475.05	6 914.55	1 368.45	23.76
80.60	5.50	8.80	3.78	褐色	0.50	无	抗	771.90	5 591.70	1 176.00	25.41
70.80	7.50	21.70	3.80	褐色	0.50	无	抗	913.65	5 424.90	1 163.10	25.96
76.50	4.60	10.50	3.74	褐色	1.00	中	抗	742.20	6 547.65	1 213.35	22.51
76.50	4.90	9.70	3.80	褐色	0.50	中	抗	888.45	5 880.75	1 170.75	23.83
68.20	4.20	10.40	4.02	褐色	1.00	重	抗	879.75	5 991.90	1 530.30	30.68
74.10	6.70	16.00	3.64	褐色	1.00	重	抗	916.20	5 513.85	1 105.35	24.37
66.20	4.90	11.50	4.16	褐色	1.00	轻	抗	858.60	5 091.45	1 127.10	26.35
72.40	4.60	10.30	4.12	褐色	1.00	无	抗	1 173.90	5 814.00	1 262.70	25.75
70.50	4.50	11.20	3.92	褐色	0.00	无	抗	1 015.80	5 536.05	1 098.15	23.68
71.50	5.10	15.00	3.58	褐色	1.00	中	抗	801.30	3 824.10	694.35	21.94

序号	库编号	名称	引入时间	引进单位	原产地	类型	花色	生育日数（d）	株高（cm）
680	201233	blueno180	2012	中国农业科学院麻类研究所	俄罗斯	油纤	蓝	68.67	70.40
681	201234	Niva*Tomskiy 16	2012	中国农业科学院麻类研究所	俄罗斯	纤	蓝	73.33	102.10
682	201235	Litka	2012	中国农业科学院麻类研究所	捷克	纤	蓝	69.33	86.30
683	201236	Kaliakra	2012	中国农业科学院麻类研究所	保加利亚	纤	白	73.33	89.30
684	201237	Nike	2012	中国农业科学院麻类研究所	波兰	纤	蓝	78.67	87.50
685	201238	Modran	2012	中国农业科学院麻类研究所	波兰	纤	蓝	71.67	80.60
686	201239	Artemida	2012	中国农业科学院麻类研究所	波兰	纤	蓝	75.67	78.20
687	201240	Luna	2012	中国农业科学院麻类研究所	波兰	纤	蓝	71.00	82.40
688	201241	Temida	2012	中国农业科学院麻类研究所	保加利亚	纤	蓝	73.33	86.20
689	201242	中亚麻1号	2012	中国农业科学院麻类研究所	湖南长沙	纤	蓝	70.33	83.90
690	201243	中亚麻2号	2012	中国农业科学院麻类研究所	湖南长沙	纤	蓝	78.67	97.60
691	201244	白俄无名	2012	展会	白俄罗斯	纤	蓝	71.00	69.20
692	201245	云南无名	2012	展会	云南	纤	蓝	72.33	71.80
693	201301	Z12-124	2013	黑龙江省科学院大庆分院亚麻综合利用研究所	黑龙江双城	纤	蓝	78.67	106.00
694	201302	Z12-125	2013	黑龙江省科学院大庆分院亚麻综合利用研究所	黑龙江双城	纤	蓝	79.00	90.50
695	201303	Z12-126	2013	黑龙江省科学院大庆分院亚麻综合利用研究所	黑龙江双城	纤	蓝	79.00	98.50
696	201304	Z12-127	2013	黑龙江省科学院大庆分院亚麻综合利用研究所	黑龙江双城	纤	蓝	77.67	95.30

（续表）

工艺长 （cm）	分枝数 （个）	蒴果数 （个）	千粒重 （g）	种皮 色	抗倒 伏性 （级）	白粉 病 （级）	抗旱 性 （级）	种子产量 （kg/hm²）	原茎产量 （kg/hm²）	全纤维 产量 （kg/hm²）	全麻率 （%）
47.60	5.20	13.00	4.00	褐色	1.00	中	抗	1 009.80	4 279.95	880.80	15.28
80.30	4.40	10.20	3.90	褐色	0.00	中	抗	799.50	6 970.20	1 374.60	23.64
62.50	6.20	10.30	3.78	褐色	0.00	轻	中	1 298.40	5 880.75	1 427.10	28.92
59.60	8.10	18.40	4.76	褐色	0.00	中	抗	740.70	5 313.75	1 024.95	23.26
67.20	5.70	11.60	4.28	褐色	0.00	无	抗	658.80	6 047.40	1 414.35	28.45
56.00	5.40	9.30	4.18	褐色	0.00	中	抗	713.85	4 268.85	1 058.10	30.00
56.40	4.30	9.90	4.22	褐色	1.00	重	抗	923.70	4 902.45	1 306.20	32.46
64.50	4.80	7.60	4.68	褐色	0.00	重	抗	710.25	4 946.85	1 287.90	31.29
70.00	3.60	5.90	5.00	褐色	0.50	重	抗	656.85	5 113.65	1 472.85	34.47
63.20	5.10	10.40	3.68	褐色	1.00	中	抗	1 100.25	5 313.75	1 562.10	35.30
76.10	5.20	9.50	4.22	褐色	0.50	重	抗	1 339.95	7 003.50	1 725.00	29.46
51.10	3.80	8.20	4.00	褐色	1.00	轻	抗	870.90	4 424.40	1 108.20	29.63
53.30	4.30	8.40	4.46	褐色	1.00	无	抗	778.65	4 802.40	1 051.65	27.00
92.90	4.30	8.50	4.28	黄色	1.00	无	抗	1 212.90	7 614.90	1 551.90	24.72
79.00	3.50	5.80	4.62	黄色	0.50	无	抗	988.35	7 248.00	1 451.25	23.93
78.40	4.10	8.40	4.26	黄色	0.00	无	抗	793.95	7 926.15	1 542.15	23.24
78.30	5.30	10.80	3.98	黄色	1.00	无	抗	873.00	7 648.20	1 731.45	27.41

序号	库编号	名称	引入时间	引进单位	原产地	类型	花色	生育日数（d）	株高（cm）
697	201305	Z12-128	2013	黑龙江省科学院大庆分院亚麻综合利用研究所	黑龙江双城	纤	蓝	78.00	97.40
698	200922	Z12-129	2013	黑龙江省科学院大庆分院亚麻综合利用研究所	黑龙江双城	纤	蓝	77.00	67.60
699	201307	Z12-130	2013	黑龙江省科学院大庆分院亚麻综合利用研究所	黑龙江双城	纤	蓝	78.00	100.90
700	201308	Z12-131	2013	黑龙江省科学院大庆分院亚麻综合利用研究所	黑龙江双城	纤	蓝	75.00	93.40
701	201309	Z12-132	2013	黑龙江省科学院大庆分院亚麻综合利用研究所	黑龙江双城	纤	蓝	77.67	102.40
702	201310	Z12-133	2013	黑龙江省科学院大庆分院亚麻综合利用研究所	黑龙江双城	纤	蓝	76.00	100.00
703	201311	Z12-134	2013	黑龙江省科学院大庆分院亚麻综合利用研究所	黑龙江双城	纤	蓝	77.00	92.10
704	201312	Z12-135	2013	黑龙江省科学院大庆分院亚麻综合利用研究所	黑龙江双城	纤	蓝	77.00	87.30
705	201313	Z12-136	2013	黑龙江省科学院大庆分院亚麻综合利用研究所	黑龙江双城	纤	蓝	79.00	99.70
706	201314	Z12-137	2013	黑龙江省科学院大庆分院亚麻综合利用研究所	黑龙江双城	纤	蓝	76.67	101.00
707	201315	Z12-138	2013	黑龙江省科学院大庆分院亚麻综合利用研究所	黑龙江双城	纤	蓝	78.33	97.00
708	201316	Z12-139	2013	黑龙江省科学院大庆分院亚麻综合利用研究所	黑龙江双城	纤	蓝	78.00	95.00
709	201317	Z12-140	2013	黑龙江省科学院大庆分院亚麻综合利用研究所	黑龙江双城	纤	蓝	76.33	96.80
710	201318	Z12-141	2013	黑龙江省科学院大庆分院亚麻综合利用研究所	黑龙江双城	纤	蓝	77.00	100.00
711	201319	Z12-142	2013	黑龙江省科学院大庆分院亚麻综合利用研究所	黑龙江双城	纤	蓝	77.00	94.80
712	201320	7621-6-2-7-29（黑亚7号）	2013	黑龙江省农业科学院经济作物研究所	黑龙江呼兰	纤	蓝	77.63	97.40

（续表）

工艺长（cm）	分枝数（个）	蒴果数（个）	千粒重（g）	种皮色	抗倒伏性（级）	白粉病（级）	抗旱性（级）	种子产量（kg/hm²）	原茎产量（kg/hm²）	全纤维产量（kg/hm²）	全麻率（%）
79.30	5.40	8.20	3.92	黄色	1.00	无	抗	756.15	6 158.70	1 408.80	29.02
51.60	4.70	9.70	4.90	黄色	2.00	无	抗	865.35	4 835.70	986.25	25.89
81.10	4.50	7.50	4.02	黄色	0.50	无	抗	633.60	7 648.20	1 450.80	23.15
76.00	5.00	9.00	3.92	黄色	1.00	无	抗	755.55	6 125.25	1 154.55	22.41
80.30	4.30	6.80	3.94	黄色	1.00	中	抗	594.45	7 537.05	1 788.30	28.68
83.10	4.60	7.30	4.42	黄色	1.00	无	抗	955.20	6 292.05	1 484.55	28.49
72.00	4.70	11.00	3.92	黄色	0.50	无	抗	983.55	6 625.50	1 302.30	23.46
69.80	4.90	11.80	3.90	黄色	0.50	无	抗	871.50	6 369.90	1 432.35	26.89
77.10	5.10	15.70	3.84	黄色	0.00	无	抗	1 099.05	6 614.40	1 454.25	26.82
76.50	5.20	13.50	3.68	黄色	0.00	无	抗	960.75	6 981.30	1 415.40	24.06
77.30	4.50	12.40	3.34	黄色	1.00	重	抗	974.55	6 870.15	1 450.80	25.13
78.10	5.00	9.80	3.62	黄色	0.00	中	抗	862.35	7 059.15	1 412.70	24.03
78.00	5.20	10.20	4.04	黄色	1.00	中	抗	759.75	7 181.40	1 472.25	24.14
80.40	4.00	8.20	4.58	黄色	0.00	轻	抗	918.90	6 981.30	1 468.20	24.73
74.80	5.10	25.90	3.88	黄色	0.50	中	抗	757.80	6 269.85	1 138.95	21.68
78.30	4.10	7.60	3.58	褐色	0.00	无	抗	750.45	7 248.00	1 685.70	27.41

序号	库编号	名称	引入时间	引进单位	原产地	类型	花色	生育日数（d）	株高（cm）
713	201321	7649-10-1-25（黑亚8号）	2013	黑龙江省农业科学院经济作物研究所	黑龙江呼兰	纤	蓝	72.00	104.70
714	201322	2005-1（黑亚18号）	2013	黑龙江省农业科学院经济作物研究所	黑龙江呼兰	纤	蓝	71.67	89.50
715	201323	2006-1（黑亚19号）	2013	黑龙江省农业科学院经济作物研究所	黑龙江呼兰	纤	蓝	69.33	87.00
716	201324	2007-1（黑亚20号）	2013	黑龙江省农业科学院经济作物研究所	黑龙江呼兰	纤	蓝	81.00	98.10
717	201401	深紫	2014	黑龙江省农业科学院经济作物研究所	黑龙江	油纤	粉紫	71.00	71.90
718	201402	抗4	2014	黑龙江省农业科学院经济作物研究所	俄罗斯	纤	蓝	78.00	73.90
719	201403	抗6	2014	黑龙江省农业科学院经济作物研究所	俄罗斯	纤	蓝	75.67	100.70
720	201404	K-1732	2014	黑龙江省农业科学院经济作物研究所	俄罗斯	纤	蓝	77.00	67.70
721	201405	K-5316	2014	黑龙江省农业科学院经济作物研究所	俄罗斯	纤	蓝	70.00	86.60
722	201406	K-6540	2014	黑龙江省农业科学院经济作物研究所	俄罗斯	纤	蓝	68.67	83.00
723	201407	K-985	2014	黑龙江省农业科学院经济作物研究所	俄罗斯	纤	蓝	69.67	71.10
724	201408	K-5326	2014	黑龙江省农业科学院经济作物研究所	俄罗斯	纤	蓝	74.00	107.00
725	201409	Cn40081	2014	黑龙江省农业科学院经济作物研究所	加拿大	油	蓝	76.67	89.20
726	201410	Iutescens	2014	黑龙江省农业科学院经济作物研究所	波兰	纤	浅粉	80.33	63.90
727	201411	hlinum	2014	黑龙江省农业科学院经济作物研究所	乌克兰	纤	白	79.00	51.30
728	201412	Svitanok	2014	黑龙江省农业科学院经济作物研究所	乌克兰	纤	蓝	75.00	94.80

（续表）

工艺长（cm）	分枝数（个）	蒴果数（个）	千粒重（g）	种皮色	抗倒伏性（级）	白粉病（级）	抗旱性（级）	种子产量（kg/hm²）	原茎产量（kg/hm²）	全纤维产量（kg/hm²）	全麻率（%）
82.70	4.90	8.60	3.60	褐色	1.00	无	中	746.55	6 447.60	1 209.30	22.31
60.90	6.00	11.20	3.74	褐色	0.00	无	抗	436.20	5 491.65	1 224.45	26.42
63.50	5.10	9.20	3.60	褐色	0.00	无	抗	1 003.95	5 347.05	1 152.30	25.55
81.90	4.20	9.30	4.28	褐色	0.00	无	抗	642.75	6 581.10	1 479.30	26.66
52.40	4.20	9.70	5.68	黄色	2.00	无	抗	616.05	5 458.35	1 059.60	23.16
57.00	3.80	6.70	4.56	褐色	0.00	无	抗	998.40	5 524.95	1 172.70	25.24
83.70	3.70	6.10	4.36	褐色	0.00	无	抗	674.85	8 604.30	1 920.60	26.68
46.80	4.00	7.50	5.64	褐色	2.00	无	抗	548.70	4 480.05	937.80	25.20
64.60	4.90	7.90	4.00	褐色	0.00	无	抗	564.00	5 802.90	1 568.25	31.72
63.00	5.30	9.60	4.06	褐色	2.00	无	抗	737.55	6 581.10	1 683.15	30.41
50.60	5.10	9.10	3.62	褐色	1.00	中	抗	484.80	5 247.00	1 210.35	28.00
80.00	4.00	9.00	4.06	褐色	0.00	轻	抗	914.40	7 170.30	1 698.15	27.94
68.90	4.80	12.10	4.00	褐色	0.00	中	抗	677.40	6 436.50	1 488.45	17.61
48.00	6.00	12.20	5.42	黄色	0.50	无	抗	703.95	4 535.55	963.75	25.87
36.10	5.10	8.20	6.36	褐色	1.00	中	抗	561.45	3 690.75	655.65	21.83
75.00	5.40	6.80	4.18	褐色	0.00	无	抗	1 126.65	7 203.60	1 602.45	26.58

序号	库编号	名称	引入时间	引进单位	原产地	类型	花色	生育日数（d）	株高（cm）
729	201413	Charivnyi	2014	黑龙江省农业科学院经济作物研究所	乌克兰	纤	蓝	73.00	92.90
730	201414	Bisonredwing	2014	黑龙江省农业科学院经济作物研究所	北美	油纤	蓝	72.33	64.10
731	201415	Biwing 1980	2014	黑龙江省农业科学院经济作物研究所	美国	纤	蓝	75.00	65.00
732	201416	Novarassisk	2014	黑龙江省农业科学院经济作物研究所	俄罗斯	纤	蓝	68.67	64.50
733	201417	NO.6629-1983	2014	黑龙江省农业科学院经济作物研究所	北美	纤	蓝	74.00	70.80
734	201418	Spi238197frber	2014	黑龙江省农业科学院经济作物研究所	北美	纤	蓝	78.67	104.60
735	201419	NO.1276	2014	黑龙江省农业科学院经济作物研究所	北美	纤	蓝	75.67	76.40
736	201420	c.i.355bison	2014	黑龙江省农业科学院经济作物研究所	美国	纤	白	70.33	75.80
737	201421	原2006-238	2014	黑龙江省农业科学院经济作物研究所	黑龙江	纤	蓝	72.33	71.40
738	201422	Opaling	2014	黑龙江省农业科学院经济作物研究所	荷兰	纤	蓝	74.00	72.30
739	201423	Selena	2014	黑龙江省农业科学院经济作物研究所	荷兰	纤	蓝	76.00	93.60
740	201424	Aurote	2014	黑龙江省农业科学院经济作物研究所	荷兰	纤	蓝	71.33	86.50
741	201425	Mcgregor	2014	黑龙江省农业科学院经济作物研究所	荷兰	油纤	蓝	70.00	65.60
742	201426	K-5970	2014	黑龙江省农业科学院经济作物研究所	俄罗斯	油纤	蓝	70.00	64.20
743	201427	6268	2014	黑龙江省农业科学院经济作物研究所	俄罗斯	纤	蓝	70.33	83.20
744	201428	6684	2014	黑龙江省农业科学院经济作物研究所	俄罗斯	纤	蓝	75.67	79.40

（续表）

工艺长 （cm）	分枝数 （个）	蒴果数 （个）	千粒重 （g）	种皮色	抗倒伏性 （级）	白粉病 （级）	抗旱性 （级）	种子产量 （kg/hm²）	原茎产量 （kg/hm²）	全纤维产量 （kg/hm²）	全麻率 （%）
67.40	5.40	8.90	3.98	褐色	0.00	中	抗	456.15	6 647.70	1 317.75	23.43
46.30	4.60	10.20	4.88	褐色	1.00	轻	抗	880.35	4 157.70	874.20	15.64
45.00	4.80	10.40	4.46	褐色	2.00	中	抗	744.15	4 224.30	945.90	26.94
83.50	4.20	7.50	4.70	褐色	0.00	重	抗	897.60	3 913.05	804.75	24.33
53.60	4.80	9.50	4.20	褐色	0.50	重	抗	775.35	5 491.65	1 160.40	25.27
83.00	3.60	6.70	4.08	褐色	0.00	中	中	880.80	7 881.75	1 759.50	28.02
61.20	3.40	6.60	4.46	褐色	1.00	重	抗	855.60	5 536.05	1 181.55	22.04
53.40	4.20	7.30	4.34	浅黄色	1.00	无	抗	675.30	4 480.05	947.40	25.34
48.30	4.10	7.20	4.72	褐色	2.00	无	抗	855.75	5 636.10	1 160.40	25.14
50.90	4.80	10.70	4.36	褐色	2.00	中	抗	779.10	5 302.65	1 228.65	28.55
73.20	5.30	7.50	4.00	褐色	0.00	中	中	640.95	7 781.70	1 858.65	28.23
67.70	4.80	8.10	4.78	褐色	0.00	重	中	606.90	7 159.20	1 926.15	32.70
49.50	5.00	7.20	4.78	褐色	2.00	中	抗	1 113.75	4 758.00	1 139.85	28.67
44.50	5.40	8.60	4.62	褐色	2.00	无	抗	912.60	4 513.35	1 061.40	28.22
62.50	4.40	9.60	3.86	褐色	0.00	重	抗	435.15	6 147.45	1 553.55	29.89
65.30	2.90	4.60	4.14	褐色	0.00	无	抗	717.60	6 847.80	1 759.80	30.65

序号	库编号	名称	引入时间	引进单位	原产地	类型	花色	生育日数（d）	株高（cm）
745	201429	6704	2014	黑龙江省农业科学院经济作物研究所	俄罗斯	纤	蓝	70.00	87.20
746	201430	5428	2014	黑龙江省农业科学院经济作物研究所	俄罗斯	油纤	蓝	68.67	61.70
747	201431	5315	2014	黑龙江省农业科学院经济作物研究所	俄罗斯	纤	白	72.00	81.00
748	201432	4159	2014	黑龙江省农业科学院经济作物研究所	俄罗斯	纤	蓝	73.00	74.50
749	201433	5627	2014	黑龙江省农业科学院经济作物研究所	俄罗斯	纤	蓝	71.00	100.70
750	201434	6791	2014	黑龙江省农业科学院经济作物研究所	俄罗斯	纤	白	74.67	103.70
751	201435	6244	2014	黑龙江省农业科学院经济作物研究所	俄罗斯	纤	蓝	70.33	71.50
752	201436	5817	2014	黑龙江省农业科学院经济作物研究所	俄罗斯	纤	蓝	73.33	98.90
753	201437	4615	2014	黑龙江省农业科学院经济作物研究所	俄罗斯	纤	蓝	70.33	90.00
754	201438	6671	2014	黑龙江省农业科学院经济作物研究所	俄罗斯	纤	蓝	71.00	87.60
755	201439	6262	2014	黑龙江省农业科学院经济作物研究所	俄罗斯	纤	蓝	70.33	68.80

（续表）

工艺长 （cm）	分枝数 （个）	蒴果数 （个）	千粒重 （g）	种皮色	抗倒伏性 （级）	白粉病 （级）	抗旱性 （级）	种子产量 （kg/hm²）	原茎产量 （kg/hm²）	全纤维产量 （kg/hm²）	全麻率 （%）
70.50	3.50	5.50	4.04	褐色	0.00	重	抗	757.05	7 381.50	2 054.40	33.66
39.20	5.60	16.50	5.16	褐色	1.00	轻	抗	519.90	4 657.95	849.15	21.82
59.50	3.60	9.50	3.54	褐色	0.50	中	抗	495.75	6 336.45	1 747.80	33.57
59.40	5.90	12.10	5.18	褐色	1.00	中	抗	612.75	5 391.60	1 318.95	29.46
82.00	4.90	13.60	3.96	褐色	0.00	无	抗	429.75	7 748.25	1 514.40	23.33
83.00	4.60	8.20	3.62	褐色	0.00	重	抗	966.75	8 726.55	1 779.90	24.38
48.60	4.40	10.20	5.34	褐色	1.00	无	抗	521.25	4 891.35	1 080.45	26.68
77.70	4.30	8.50	4.00	褐色	0.00	无	中	595.95	7 581.60	1 601.25	24.85
71.30	4.90	5.50	3.98	褐色	0.00	无	抗	834.45	6 403.20	1 529.25	28.39
69.90	4.30	9.50	3.80	褐色	0.00	无	抗	1 090.65	6 358.80	1 453.35	27.71
55.70	4.30	6.70	3.94	褐色	0.00	无	抗	729.15	6 069.75	1 480.20	29.26

5 黑龙江省科学院大庆分院未鉴定的亚麻资源

未鉴定的亚麻资源241份，其中，国内有198份，国外有43份。

序号	库编号	名称	引入时间	引进单位	原产地	种皮色
1	201440	6884	2014	黑龙江省农业科学院经济作物研究所	俄罗斯	褐色
2	201441	K-4972	2014	黑龙江省农业科学院经济作物研究所	俄罗斯	黄色
3	201442	78	2014	黑龙江省农业科学院经济作物研究所	中国	褐色
4	201443	324	2014	黑龙江省农业科学院经济作物研究所	中国	褐色
5	201444	198	2014	黑龙江省农业科学院经济作物研究所	中国	褐色
6	201445	100	2014	黑龙江省农业科学院经济作物研究所	中国	褐色
7	201446	84	2014	黑龙江省农业科学院经济作物研究所	中国	褐色
8	201447	87	2014	黑龙江省农业科学院经济作物研究所	中国	褐色
9	201448	173	2014	黑龙江省农业科学院经济作物研究所	中国	褐色
10	201449	439	2014	黑龙江省农业科学院经济作物研究所	中国	褐色

（续表）

序号	库编号	名称	引入时间	引进单位	原产地	种皮色
11	201450	65	2014	黑龙江省农业科学院经济作物研究所	中国	褐色
12	201451	melina	2014	黑龙江省农业科学院经济作物研究所	俄罗斯	褐色
13	201452	banit	2014	黑龙江省农业科学院经济作物研究所	俄罗斯	褐色
14	201453	sofie	2014	黑龙江省农业科学院经济作物研究所	俄罗斯	褐色
15	201454	amina	2014	黑龙江省农业科学院经济作物研究所	俄罗斯	褐色
16	201455	esta	2014	黑龙江省农业科学院经济作物研究所	俄罗斯	褐色
17	201501	7005-6（黑亚4号）	2015	黑龙江省农业科学院经济作物研究所	黑龙江呼兰	褐色
18	201502	2001-2（黑亚15号）	2015	黑龙江省农业科学院经济作物研究所	黑龙江呼兰	褐色
19	201503	BJ296	2015	黑龙江农垦总局北安农科所	黑龙江北安	褐色
20	201504	BJ297	2015	黑龙江农垦总局北安农科所	黑龙江北安	褐色
21	201505	BJ298	2015	黑龙江农垦总局北安农科所	黑龙江北安	褐色
22	201506	BJ299	2015	黑龙江农垦总局北安农科所	黑龙江北安	褐色
23	201507	BJ300	2015	黑龙江农垦总局北安农科所	黑龙江北安	褐色
24	201508	BJ301	2015	黑龙江农垦总局北安农科所	黑龙江北安	褐色
25	201509	BJ302	2015	黑龙江农垦总局北安农科所	黑龙江北安	褐色
26	201510	BJ303	2015	黑龙江农垦总局北安农科所	黑龙江北安	褐色

（续表）

序号	库编号	名称	引入时间	引进单位	原产地	种皮色
27	201511	BJ304	2015	黑龙江农垦总局 北安农科所	黑龙江 北安	褐色
28	201512	BJ305	2015	黑龙江农垦总局 北安农科所	黑龙江 北安	褐色
29	201513	BJ306	2015	黑龙江农垦总局 北安农科所	黑龙江 北安	褐色
30	201514	Diane	2015	黑龙江省农业科学院 经济作物研究所	黑龙江 哈尔滨	褐色
31	201515	07-1131	2015	黑龙江省科学院大庆分 院亚麻综合利用研究所	黑龙江 大庆	褐色
32	201516	07-1335	2015	黑龙江省科学院大庆分 院亚麻综合利用研究所	黑龙江 大庆	褐色
33	201517	12-2901	2015	黑龙江省科学院大庆分 院亚麻综合利用研究所	黑龙江 大庆	褐色
34	201518	12-2101	2015	黑龙江省科学院大庆分 院亚麻综合利用研究所	黑龙江 大庆	褐色
35	201519	黑亚17号	2015	黑龙江省农业科学院 经济作物研究所	黑龙江 哈尔滨	褐色
36	201520	07-1105	2015	黑龙江省科学院大庆分 院亚麻综合利用研究所	黑龙江 大庆	褐色
37	201521	07-1336	2015	黑龙江省科学院大庆分 院亚麻综合利用研究所	黑龙江 大庆	褐色
38	201522	07-1591	2015	黑龙江省科学院大庆分 院亚麻综合利用研究所	黑龙江 大庆	褐色
39	201523	07-1629	2015	黑龙江省科学院大庆分 院亚麻综合利用研究所	黑龙江 大庆	褐色
40	201524	07-1743	2015	黑龙江省科学院大庆分 院亚麻综合利用研究所	黑龙江 大庆	褐色
41	201525	07-1815	2015	黑龙江省科学院大庆分 院亚麻综合利用研究所	黑龙江 大庆	褐色
42	201526	08-1327	2015	黑龙江省科学院大庆分 院亚麻综合利用研究所	黑龙江 大庆	褐色

（续表）

序号	库编号	名称	引入时间	引进单位	原产地	种皮色
43	201527	08-1374	2015	黑龙江省科学院大庆分院亚麻综合利用研究所	黑龙江大庆	褐色
44	201528	08-1471	2015	黑龙江省科学院大庆分院亚麻综合利用研究所	黑龙江大庆	褐色
45	201529	08-1491	2015	黑龙江省科学院大庆分院亚麻综合利用研究所	黑龙江大庆	褐色
46	201530	08-1635	2015	黑龙江省科学院大庆分院亚麻综合利用研究所	黑龙江大庆	褐色
47	201531	08-1637	2015	黑龙江省科学院大庆分院亚麻综合利用研究所	黑龙江大庆	褐色
48	201532	08-1749	2015	黑龙江省科学院大庆分院亚麻综合利用研究所	黑龙江大庆	褐色
49	201533	08-1754	2015	黑龙江省科学院大庆分院亚麻综合利用研究所	黑龙江大庆	褐色
50	201534	08-1841	2015	黑龙江省科学院大庆分院亚麻综合利用研究所	黑龙江大庆	褐色
51	201535	08-1927	2015	黑龙江省科学院大庆分院亚麻综合利用研究所	黑龙江大庆	褐色
52	201536	08-1958	2015	黑龙江省科学院大庆分院亚麻综合利用研究所	黑龙江大庆	褐色
53	201537	08-1963	2015	黑龙江省科学院大庆分院亚麻综合利用研究所	黑龙江大庆	褐色
54	201538	08-2011	2015	黑龙江省科学院大庆分院亚麻综合利用研究所	黑龙江大庆	褐色
55	201539	08-2074	2015	黑龙江省科学院大庆分院亚麻综合利用研究所	黑龙江大庆	褐色
56	201540	08-2081	2015	黑龙江省科学院大庆分院亚麻综合利用研究所	黑龙江大庆	褐色
57	201541	08-2096	2015	黑龙江省科学院大庆分院亚麻综合利用研究所	黑龙江大庆	褐色
58	201542	08-2205	2015	黑龙江省科学院大庆分院亚麻综合利用研究所	黑龙江大庆	褐色

（续表）

序号	库编号	名称	引入时间	引进单位	原产地	种皮色
59	201543	08-2342	2015	黑龙江省科学院大庆分院亚麻综合利用研究所	黑龙江大庆	褐色
60	201544	08-2395	2015	黑龙江省科学院大庆分院亚麻综合利用研究所	黑龙江大庆	褐色
61	201545	08-2803	2015	黑龙江省科学院大庆分院亚麻综合利用研究所	黑龙江大庆	褐色
62	201546	08-2808	2015	黑龙江省科学院大庆分院亚麻综合利用研究所	黑龙江大庆	褐色
63	201547	08-2815	2015	黑龙江省科学院大庆分院亚麻综合利用研究所	黑龙江大庆	褐色
64	201548	08-2807	2015	黑龙江省科学院大庆分院亚麻综合利用研究所	黑龙江大庆	褐色
65	201549	глінум	2015	乌克兰农业科学院东北麻类研究所	乌克兰	褐色
66	201550	гладіатор	2015	乌克兰农业科学院东北麻类研究所	乌克兰	褐色
67	201551	эсмань	2015	乌克兰农业科学院东北麻类研究所	乌克兰	褐色
68	201552	чарівыыі	2015	乌克兰农业科学院东北麻类研究所	乌克兰	褐色
69	201553	заря87	2015	乌克兰农业科学院东北麻类研究所	乌克兰	褐色
70	201554	глазур	2015	乌克兰农业科学院东北麻类研究所	乌克兰	褐色
71	201555	глобус	2015	乌克兰农业科学院东北麻类研究所	乌克兰	褐色
72	201556	глуховскій юбілейный	2015	乌克兰农业科学院东北麻类研究所	乌克兰	褐色
73	201557	М-38	2015	乌克兰农业科学院东北麻类研究所	乌克兰	褐色
74	201558	加褐	2015	展会	加拿大	褐色

（续表）

序号	库编号	名称	引入时间	引进单位	原产地	种皮色
75	201559	加黄	2015	展会	加拿大	黄色
76	201560	苏菲	2015	黑龙江镜泊湖亚麻有限公司（宁安）	法国	褐色
77	201561	08-1405	2015	黑龙江省科学院大庆分院亚麻综合利用研究所	黑龙江大庆	褐色
78	201562	08-1463	2015	黑龙江省科学院大庆分院亚麻综合利用研究所	黑龙江大庆	褐色
79	201563	08-1678	2015	黑龙江省科学院大庆分院亚麻综合利用研究所	黑龙江大庆	褐色
80	201564	08-1745	2015	黑龙江省科学院大庆分院亚麻综合利用研究所	黑龙江大庆	褐色
81	201565	08-1947	2015	黑龙江省科学院大庆分院亚麻综合利用研究所	黑龙江大庆	褐色
82	201566	12-154	2015	黑龙江省科学院大庆分院亚麻综合利用研究所	黑龙江大庆	褐色
83	201567	12-161	2015	黑龙江省科学院大庆分院亚麻综合利用研究所	黑龙江大庆	褐色
84	201568	12-164	2015	黑龙江省科学院大庆分院亚麻综合利用研究所	黑龙江大庆	褐色
85	201569	12-324	2015	黑龙江省科学院大庆分院亚麻综合利用研究所	黑龙江大庆	褐色
86	201570	12-464	2015	黑龙江省科学院大庆分院亚麻综合利用研究所	黑龙江大庆	褐色
87	201571	12-477	2015	黑龙江省科学院大庆分院亚麻综合利用研究所	黑龙江大庆	褐色
88	201572	12-491	2015	黑龙江省科学院大庆分院亚麻综合利用研究所	黑龙江大庆	褐色
89	201573	12-511	2015	黑龙江省科学院大庆分院亚麻综合利用研究所	黑龙江大庆	褐色
90	201574	12-731	2015	黑龙江省科学院大庆分院亚麻综合利用研究所	黑龙江大庆	褐色

（续表）

序号	库编号	名称	引入时间	引进单位	原产地	种皮色
91	201575	08-1004	2015	黑龙江省科学院大庆分院亚麻综合利用研究所	黑龙江大庆	褐色
92	201576	08-1331	2015	黑龙江省科学院大庆分院亚麻综合利用研究所	黑龙江大庆	褐色
93	201577	08-1467	2015	黑龙江省科学院大庆分院亚麻综合利用研究所	黑龙江大庆	褐色
94	201578	08-1497	2015	黑龙江省科学院大庆分院亚麻综合利用研究所	黑龙江大庆	褐色
95	201579	08-1769	2015	黑龙江省科学院大庆分院亚麻综合利用研究所	黑龙江大庆	褐色
96	201580	08-1781	2015	黑龙江省科学院大庆分院亚麻综合利用研究所	黑龙江大庆	褐色
97	201581	08-1785	2015	黑龙江省科学院大庆分院亚麻综合利用研究所	黑龙江大庆	褐色
98	201582	08-1915	2015	黑龙江省科学院大庆分院亚麻综合利用研究所	黑龙江大庆	褐色
99	201583	08-1919	2015	黑龙江省科学院大庆分院亚麻综合利用研究所	黑龙江大庆	褐色
100	201584	08-2004	2015	黑龙江省科学院大庆分院亚麻综合利用研究所	黑龙江大庆	褐色
101	201585	08-2006	2015	黑龙江省科学院大庆分院亚麻综合利用研究所	黑龙江大庆	褐色
102	201586	08-2208	2015	黑龙江省科学院大庆分院亚麻综合利用研究所	黑龙江大庆	褐色
103	201587	08-2441	2015	黑龙江省科学院大庆分院亚麻综合利用研究所	黑龙江大庆	褐色
104	201588	08-2611	2015	黑龙江省科学院大庆分院亚麻综合利用研究所	黑龙江大庆	褐色
105	201589	08-2624	2015	黑龙江省科学院大庆分院亚麻综合利用研究所	黑龙江大庆	褐色
106	201590	08-2806	2015	黑龙江省科学院大庆分院亚麻综合利用研究所	黑龙江大庆	褐色

（续表）

序号	库编号	名称	引入时间	引进单位	原产地	种皮色
107	201591	08-2939	2015	黑龙江省科学院大庆分院亚麻综合利用研究所	黑龙江大庆	褐色
108	201601	1995-003-009	2016	黑龙江尾山农场	黑龙江尾山	褐色
109	201602	13-1101	2016	黑龙江省科学院大庆分院亚麻综合利用研究所	黑龙江大庆	褐色
110	201603	13-1121	2016	黑龙江省科学院大庆分院亚麻综合利用研究所	黑龙江大庆	褐色
111	201604	13-1194	2016	黑龙江省科学院大庆分院亚麻综合利用研究所	黑龙江大庆	褐色
112	201605	13-1201	2016	黑龙江省科学院大庆分院亚麻综合利用研究所	黑龙江大庆	褐色
113	201606	13-1281	2016	黑龙江省科学院大庆分院亚麻综合利用研究所	黑龙江大庆	褐色
114	201607	13-1287	2016	黑龙江省科学院大庆分院亚麻综合利用研究所	黑龙江大庆	褐色
115	201608	13-1361	2016	黑龙江省科学院大庆分院亚麻综合利用研究所	黑龙江大庆	褐色
116	201609	13-1397	2016	黑龙江省科学院大庆分院亚麻综合利用研究所	黑龙江大庆	褐色
117	201610	13-1401	2016	黑龙江省科学院大庆分院亚麻综合利用研究所	黑龙江大庆	褐色
118	201611	13-1411	2016	黑龙江省科学院大庆分院亚麻综合利用研究所	黑龙江大庆	褐色
119	201612	13-1461	2016	黑龙江省科学院大庆分院亚麻综合利用研究所	黑龙江大庆	褐色
120	201613	13-1554	2016	黑龙江省科学院大庆分院亚麻综合利用研究所	黑龙江大庆	褐色
121	201614	13-1574	2016	黑龙江省科学院大庆分院亚麻综合利用研究所	黑龙江大庆	褐色
122	201615	13-1604	2016	黑龙江省科学院大庆分院亚麻综合利用研究所	黑龙江大庆	褐色

（续表）

序号	库编号	名称	引入时间	引进单位	原产地	种皮色
123	201616	13-1657	2016	黑龙江省科学院大庆分院亚麻综合利用研究所	黑龙江大庆	褐色
124	201617	13-1707	2016	黑龙江省科学院大庆分院亚麻综合利用研究所	黑龙江大庆	褐色
125	201618	13-1764	2016	黑龙江省科学院大庆分院亚麻综合利用研究所	黑龙江大庆	褐色
126	201619	13-1794	2016	黑龙江省科学院大庆分院亚麻综合利用研究所	黑龙江大庆	褐色
127	201620	13-1871	2016	黑龙江省科学院大庆分院亚麻综合利用研究所	黑龙江大庆	褐色
128	201621	13-1977	2016	黑龙江省科学院大庆分院亚麻综合利用研究所	黑龙江大庆	褐色
129	201622	13-2044	2016	黑龙江省科学院大庆分院亚麻综合利用研究所	黑龙江大庆	褐色
130	201623	13-2051	2016	黑龙江省科学院大庆分院亚麻综合利用研究所	黑龙江大庆	褐色
131	201624	13-2114	2016	黑龙江省科学院大庆分院亚麻综合利用研究所	黑龙江大庆	褐色
132	201625	13-2241	2016	黑龙江省科学院大庆分院亚麻综合利用研究所	黑龙江大庆	褐色
133	201626	13-2247	2016	黑龙江省科学院大庆分院亚麻综合利用研究所	黑龙江大庆	褐色
134	201627	Iлеб	2016	白俄罗斯农业科学院麻类研究所	白俄罗斯	褐色
135	201628	Весю	2016	白俄罗斯农业科学院麻类研究所	白俄罗斯	褐色
136	201629	грoнi	2016	白俄罗斯农业科学院麻类研究所	白俄罗斯	褐色
137	201630	Esman	2016	乌克兰农业科学院东北麻类研究所	乌克兰	褐色
138	201631	Headiutor	2016	乌克兰农业科学院东北麻类研究所	乌克兰	褐色

（续表）

序号	库编号	名称	引入时间	引进单位	原产地	种皮色
139	201632	Heinum	2016	乌克兰农业科学院东北麻类研究所	乌克兰	褐色
140	201633	DATARA	2016	浙江省金达亚麻纺织有限公司	法国	褐色
141	201634	Auian	2016	浙江省金达亚麻纺织有限公司	法国	褐色
142	201635	Vesta	2016	浙江省金达亚麻纺织有限公司	法国	褐色
143	201636	Calista	2016	浙江省金达亚麻纺织有限公司	法国	褐色
144	201637	Lisetta	2016	浙江省金达亚麻纺织有限公司	法国	褐色
145	201638	Alizee	2016	浙江省金达亚麻纺织有限公司	法国	褐色
146	201639	12-1947	2016	黑龙江省科学院大庆分院亚麻综合利用研究所	黑龙江大庆	褐色
147	201640	无名	2016	黑龙江省科学院大庆分院亚麻综合利用研究所	黑龙江大庆	褐色
148	201641	WS12-1	2016	黑龙江尾山农场	黑龙江尾山	褐色
149	201642	2013-1	2016	黑龙江省农业科学院经济作物研究所	黑龙江哈尔滨	褐色
150	201643	2014-1	2016	黑龙江省农业科学院经济作物研究所	黑龙江哈尔滨	褐色
151	201644	2015-1	2016	黑龙江省农业科学院经济作物研究所	黑龙江哈尔滨	褐色
152	201645	H2012-1	2016	黑龙江省农业科学院经济作物研究所	黑龙江哈尔滨	褐色
153	201646	SY2013-1（双油麻1号）	2016	黑龙江省科学院大庆分院亚麻综合利用研究所	黑龙江大庆	褐色
154	201647	东引一号	2016	黑龙江省农业科学院经济作物研究所	黑龙江哈尔滨	褐色

（续表）

序号	库编号	名称	引入时间	引进单位	原产地	种皮色
155	201648	克420	2016	黑龙江省农业科学院经济作物研究所	黑龙江哈尔滨	褐色
156	201649	H2014-1	2016	黑龙江省农业科学院经济作物研究所	黑龙江哈尔滨	褐色
157	201650	13-997	2016	黑龙江省科学院大庆分院亚麻综合利用研究所	黑龙江大庆	褐色
158	201651	13-1257	2016	黑龙江省科学院大庆分院亚麻综合利用研究所	黑龙江大庆	褐色
159	201652	13-1661	2016	黑龙江省科学院大庆分院亚麻综合利用研究所	黑龙江大庆	褐色
160	201653	13-1821	2016	黑龙江省科学院大庆分院亚麻综合利用研究所	黑龙江大庆	褐色
161	201654	13-2121	2016	黑龙江省科学院大庆分院亚麻综合利用研究所	黑龙江大庆	褐色
162	201655	13-2137	2016	黑龙江省科学院大庆分院亚麻综合利用研究所	黑龙江大庆	褐色
163	201656	13-2231	2016	黑龙江省科学院大庆分院亚麻综合利用研究所	黑龙江大庆	褐色
164	201701	87-424（双亚5号）	2017	黑龙江省科学院大庆分院亚麻综合利用研究所	黑龙江大庆	褐色
165	201702	88-948（双亚6号）	2017	黑龙江省科学院大庆分院亚麻综合利用研究所	黑龙江大庆	褐色
166	201703	89-963（双亚7号）	2017	黑龙江省科学院大庆分院亚麻综合利用研究所	黑龙江大庆	褐色
167	201704	93-231（双亚8号）	2017	黑龙江省科学院大庆分院亚麻综合利用研究所	黑龙江大庆	褐色
168	201705	93-318（双亚9号）	2017	黑龙江省科学院大庆分院亚麻综合利用研究所	黑龙江大庆	褐色
169	201706	MH-2（双亚13号）	2017	黑龙江省科学院大庆分院亚麻综合利用研究所	黑龙江大庆	褐色
170	201707	组培06-3（双亚16号）	2017	黑龙江省科学院大庆分院亚麻综合利用研究所	黑龙江大庆	褐色

（续表）

序号	库编号	名称	引入时间	引进单位	原产地	种皮色
171	201708	E1	2017	黑龙江省农业科学院对俄交流中心	黑龙江哈尔滨	褐色
172	201709	E3	2017	黑龙江省农业科学院对俄交流中心	黑龙江哈尔滨	褐色
173	201710	E4	2017	黑龙江省农业科学院对俄交流中心	黑龙江哈尔滨	褐色
174	201711	F_4I007	2017	中国农业科学院麻类研究所	湖南长沙	褐色
175	201712	2016-1	2017	黑龙江省农业科学院经济作物研究所	黑龙江哈尔滨	褐色
176	201713	K2016-1	2017	黑龙江省农业科学院经济作物研究所	黑龙江哈尔滨	褐色
177	201714	K2017-1	2017	黑龙江省农业科学院经济作物研究所	黑龙江哈尔滨	褐色
178	201715	K2018-1	2017	黑龙江省农业科学院经济作物研究所	黑龙江哈尔滨	褐色
179	201716	S2018-1	2017	黑龙江省农业科学院经济作物研究所	黑龙江哈尔滨	褐色
180	201801	7780（大浅黄）	2018	中国农业科学院麻类研究所种质库	湖南长沙	黄色
181	201802	7796（兰花中的粉花）	2018	中国农业科学院麻类研究所种质库	湖南长沙	黄色
182	201803	7799（05036-10-1-3）	2018	中国农业科学院麻类研究所种质库	湖南长沙	褐色
183	201804	7810（D97018-3*9804-38）	2018	中国农业科学院麻类研究所种质库	湖南长沙	褐色
184	201805	7818（原2011-11*双2*不育）	2018	中国农业科学院麻类研究所种质库	湖南长沙	褐色

（续表）

序号	库编号	名称	引入时间	引进单位	原产地	种皮色
185	201806	7813（SXY124）	2018	中国农业科学院麻类研究所种质库	湖南长沙	褐色
186	201807	7882（Zy2018-9-2）	2018	中国农业科学院麻类研究所种质库	湖南长沙	褐色
187	201808	7979（Zy2008-30-7-2）	2018	中国农业科学院麻类研究所种质库	湖南长沙	褐色
188	201809	7948（Zy2008-45-7-7-6）	2018	中国农业科学院麻类研究所种质库	湖南长沙	褐色
189	201810	7968（原2016-139）	2018	中国农业科学院麻类研究所种质库	湖南长沙	褐色
190	201811	7989（原2014-4）	2018	中国农业科学院麻类研究所种质库	湖南长沙	褐色
191	201812	8062（原2014-22）	2018	中国农业科学院麻类研究所种质库	湖南长沙	褐色
192	201813	8086（原2014-18）	2018	中国农业科学院麻类研究所种质库	湖南长沙	褐色
193	201814	8117（原2014-21）	2018	中国农业科学院麻类研究所种质库	湖南长沙	褐色
194	201815	8142（K6542-4）	2018	中国农业科学院麻类研究所种质库	湖南长沙	褐色
195	201816	8170（原2015-18）	2018	中国农业科学院麻类研究所种质库	湖南长沙	褐色
196	201817	8226（原2014-8）	2018	中国农业科学院麻类研究所种质库	湖南长沙	褐色
197	201818	8248（原2014-2）	2018	中国农业科学院麻类研究所种质库	湖南长沙	褐色
198	201819	8249（原2016-81）	2018	中国农业科学院麻类研究所种质库	湖南长沙	褐色
199	201820	8255（原2011-54）	2018	中国农业科学院麻类研究所种质库	湖南长沙	褐色

（续表）

序号	库编号	名称	引入时间	引进单位	原产地	种皮色
200	201821	IF14037	2018	中国农业科学院麻类研究所	湖南长沙	褐色
201	201822	IF14038	2018	中国农业科学院麻类研究所	湖南长沙	褐色
202	201823	IF14039	2018	中国农业科学院麻类研究所	湖南长沙	褐色
203	201824	IF14041	2018	中国农业科学院麻类研究所	湖南长沙	褐色
204	201825	IF14043	2018	中国农业科学院麻类研究所	湖南长沙	褐色
205	201826	y_2I389	2018	中国农业科学院麻类研究所	湖南长沙	褐色
206	201827	y_2I390	2018	中国农业科学院麻类研究所	湖南长沙	褐色
207	201828	y_2I391	2018	中国农业科学院麻类研究所	湖南长沙	褐色
208	201829	y_2I392	2018	中国农业科学院麻类研究所	湖南长沙	褐色
209	201830	y_2I405	2018	中国农业科学院麻类研究所	湖南长沙	褐色
210	201831	y_2I406	2018	中国农业科学院麻类研究所	湖南长沙	褐色
211	201832	y_2I407	2018	中国农业科学院麻类研究所	湖南长沙	褐色
212	201833	y_3I078	2018	中国农业科学院麻类研究所	湖南长沙	褐色
213	201834	y_3I084	2018	中国农业科学院麻类研究所	湖南长沙	褐色
214	201835	y_3I098	2018	中国农业科学院麻类研究所	湖南长沙	褐色
215	201836	y_3I198	2018	中国农业科学院麻类研究所	湖南长沙	褐色

（续表）

序号	库编号	名称	引入时间	引进单位	原产地	种皮色
216	201837	y₃I200	2018	中国农业科学院麻类研究所	湖南长沙	褐色
217	201838	y₃I205	2018	中国农业科学院麻类研究所	湖南长沙	褐色
218	201839	y₃I207	2018	中国农业科学院麻类研究所	湖南长沙	褐色
219	201840	y₃I209	2018	中国农业科学院麻类研究所	湖南长沙	褐色
230	201841	Веста	2018	白俄罗斯农业科学院麻类研究所	白俄罗斯	褐色
231	201842	Губін	2018	白俄罗斯农业科学院麻类研究所	白俄罗斯	褐色
232	201843	лада	2018	白俄罗斯农业科学院麻类研究所	白俄罗斯	褐色
233	201844	ласка	2018	白俄罗斯农业科学院麻类研究所	白俄罗斯	褐色
234	201845	маяк	2018	白俄罗斯农业科学院麻类研究所	白俄罗斯	褐色
235	201846	мара	2018	白俄罗斯农业科学院麻类研究所	白俄罗斯	褐色
236	201847	ярок	2018	白俄罗斯农业科学院麻类研究所	白俄罗斯	褐色
237	201848	грант	2018	白俄罗斯农业科学院麻类研究所	白俄罗斯	褐色
238	201849	задор	2018	白俄罗斯农业科学院麻类研究所	白俄罗斯	褐色
239	201850	ілім	2018	白俄罗斯农业科学院麻类研究所	白俄罗斯	褐色
240	201851	лачнм	2018	白俄罗斯农业科学院麻类研究所	白俄罗斯	褐色
241	201852	опуе	2018	白俄罗斯农业科学院麻类研究所	白俄罗斯	褐色

参考文献

关凤芝.2010.大麻遗传育种与栽培技术[M].哈尔滨：黑龙江人民出版社.

关向军.2008.纤维用亚麻新品种双亚11号的选育[J].中国麻业（1）：10-13.

姬妍茹.2012.亚麻新品种双亚16号的选育报告[J].中国麻业科学（3）：109-111.

康庆华，宋喜霞，姜卫东.2008.亚麻种植实用技术[M].北京：中国农业科学技术出版社.

李秋芝，姜颖，鲁振家，等.2017.300份亚麻种质资源主要农艺性状的鉴定及评价[J].中国麻业科学（4）：172-179.

李秋芝，姜颖，夏尊民，等.2017.双亚系列亚麻品种特征特性的综合评价[J].农业与技术（17）：22-23.

李秋芝，田玉杰，阴玉华，等.2011.亚麻新品种双亚15号的选育[J].中国麻业科学（2）：57-58.

李学鹏，田玉杰，阴玉华，等.1997."双亚5号"亚麻新品种选育报告[J].中国麻作，19（1）：7-8.

刘芳，程乃春，魏麟学.1992.亚麻栽培育种与系列产品开发[M].北京：中国气象出版社.

宋淑敏.2008.亚麻新品种"双亚13号"的选育[J].中国麻业科学（4）：197-199.

田玉杰，李学鹏.1999.亚麻新品种"双亚6号"的选育[J].中国麻作（1）：7-8.

田玉杰，阴玉华，李秋芝，等.2005.双亚10号亚麻新品种的选育[J].中国麻业，27（6）：281-283.

田玉杰，阴玉华，李秋芝，等.2008.亚麻新品种双亚12号的选育报告[J].中国麻业科学（6）：298-300.

田玉杰，阴玉华，李秋芝，等.2010.纤维用亚麻新品种双亚14号的选育报告[J].中国麻业科学（2）：73-76.

田玉杰，张文太.2002.亚麻新品种"双亚8号"的选育报告[J].中国麻作（5）：6-7.

田玉杰.2000.亚麻新品种"双亚7号"的选育研究[J].中国麻作，22（4）：5-6.

夏尊民.2013.亚麻新品种"双亚17号"的选育[J].中国麻业科学（4）：169-171.

夏尊民.2015.亚麻新品种"双亚18号"的选育[J].安徽农业科学，43（33）：79.

夏尊民.2016.油亚麻新品种"双油麻1号"的选育[J].中国麻业科学（5）：193-196.

熊和平.2008.麻类作物育种学[M].北京：中国农业科学技术出版社.

附件 黑龙江省科学院大庆分院亚麻综合利用研究所简介

黑龙江省科学院大庆分院亚麻综合利用研究所是全国专业从事亚麻、大麻综合研究的科研单位，开展亚麻育种和栽培研究30多年。

亚麻综合利用研究所主要从事以下研究领域。

麻类遗传育种。亚麻、汉麻主要性状遗传分析，种质资源创新与遗传多样性分析，常规技术育种，生物新技术育种，良种繁育技术。

麻类栽培。主要开展亚麻、汉麻生物学特性，生长发育规律，抗逆生理，测土配方施肥，病虫草防治，全程机械化标准栽培模式及新品种配套技术研究。

原料初加工。亚麻、汉麻原茎雨露脱胶技术和剥麻工艺的研究。

经过40余年的研究积淀，在麻类育种和栽培技术方面居国内领先水平。"黑龙江省麻类工程技术研究中心"通过省级备案。目前拥有亚麻、汉麻优质种质资源千余份，自主培育亚麻新品种19个，汉麻新品种9个，引进认定国外亚麻和汉麻品种各1个，并针对黑龙江省自然条件和品种特性形成了配套栽培技术，在生产实践中得到广泛应用，累计推广面积千万亩以上。在保持本院纤维用亚麻、汉麻品种优势的基础上，加大多用途麻类资源的搜集、育种和利用，不断培育出籽用型亚麻品种、籽纤兼用、籽用汉麻品种，并在雌雄同株汉麻品种的育种方面取得突破。建设了麻类作物种质资源保护中心，解决了黑龙江省麻类作物新品种选育技术落后、种质资源和新品种多样性不足和研究基础薄弱的问题。

苗期

枞形期

快长期

花期

青熟期

黄熟期（工艺成熟期）

亚麻的生育期

亚麻种质资源的花

亚麻种质资源的花

亚麻种质资源的种子